SALAD
GARDEN

沙拉花园

厨花君 著

U0298852

化学工业出版社
·北京·

图书在版编目（CIP）数据

沙拉花园 /厨花君著. —北京 : 化学工业出版社, 2016.5
ISBN 978-7-122-26800-6

Ⅰ.①沙… Ⅱ.①厨… Ⅲ.①蔬菜园艺 ②蔬菜–沙拉–菜谱 Ⅳ.①S63②TS972.121

中国版本图书馆CIP数据核字（2016）第078409号

责任编辑：李　竹　　　　　　装帧设计：古涧文化
责任校对：陈　静

出版发行：化学工业出版社
　　　　　（北京市东城区青年湖南街 13 号　邮政编码 100011）
印　　装：北京市雅迪彩色印刷有限公司
710mm×1000mm　1/16　印张 12　字数 180 千字
2016 年 5 月北京第 1 版第 1 次印刷

购书咨询：010-64518888（传真：010-64519686）
售后服务：010-64518899
网　　址：http://www.cip.com.cn
凡购买本书，如有缺损质量问题，本社销售中心负责调换。

定　　价：49.80 元　　　　　　　　　　　　版权所有　违者必究

沙拉令人

难自持

从2014年7月开始，在北京南六环外的两亩实验田里，我先后种植了超过100种沙拉菜，作为园艺爱好者的初衷，只是获得一个能迅速成形的主题花园。

确实如愿以偿了。紫甘蓝如大朵玫瑰般盛放在中心；罗莎生菜的卷叶在阳光下闪闪发亮；红色蒲公英舒展地生长；京水菜的齿状叶片和羽衣甘蓝蕾丝般的叶片各有各的美；芝麻菜蓬勃生长；虾夷葱、琉璃苣、矢车菊和旱金莲贡献了美貌超群的美味花朵。

只需要大约50天的时间，就可以把一片空地变成惊人的沙拉花园。

这个花园虽然主要以叶菜为主，却具有空前丰富的色彩层次，各种形态的生菜、甘蓝菜、香草以及其他各有名头的沙拉菜，展示着活力与美。

是的，我也想拥有玫瑰园，拥有开着蓝色鸢尾的池塘花园，或是由岩石与沙砾打底的多肉花园，但当拥有沙拉花园之后，我觉得，这是一片可以长久停留的风景。

因为，除了欣赏之外，沙拉花园还有一种让人愈深入探索愈难以自持的诱惑力：这里生长的，都是美味的食材。

沙拉，salad，源于拉丁文中的sal，与盐有关。新鲜的蔬菜，简单地撒上一点盐水或是含盐的油醋汁，这是古罗马人的食谱。这种简单的烹饪方式，因为食材的新鲜，显得健康而开胃。在沙拉菜中居于主流位置的生菜（lettuce），大部分品种都原产于地中海沿岸，而这里，就是沙拉最早的发源地。

在17世纪的英格兰，"快活王"查理二世带给整个国家的，是一种沉浸于歌舞与酒肉的糜烂气质，社会学者与园艺专家John Evelyn希望用沙拉来改变这一切。《Acetaria: A Discourse of Sallets》被认为是第一本沙拉专著，在书中，John Evelyn记载了他所能找到的沙拉食谱，而这一切的目标不仅仅是为了美食。道德、节欲、贞洁、长寿、健康、活力……他赋予了沙拉至关重要的职责。

无论你是否同意他的观点，至少关于沙拉，有句话是真理："新鲜采摘的食材就是奥妙所在。"

当你亲自在庭院（或者阳台）上种植了几盆沙拉菜后，你会感受到这句话有多正确。

穿行于沙拉花园中，随手摘下一片紫奶油生菜的叶片，带着断裂梗部渗出的乳白汁液，放到嘴里，柔软、清脆、新鲜，不需要任何调味，慢慢地咀嚼，中国文化里那种"心安茅屋稳，性定菜根香"的情绪，就渐渐浮上来。

Contents

目录

第一章

从认识沙拉菜开始

如何理解沙拉菜呢?

它是蔬菜中口味最清新柔嫩的,当时当令的采摘,简单地倒上调味汁搅拌,或是用极简的方式烹饪,也能够感受到食材的美妙滋味,所以才会被列入沙拉菜之选。

它是百搭而仍保留独特个性的,可以和腌橄榄、白煮蛋、面包丁、各式奶酪、肉类随性搭配,越浓醇的食材,越需要借助沙拉菜来取得味道上的绝佳平衡。

它在世界各地广泛存在,而且面貌百变,从最主流的生菜(lettuce)到你意想不到的各种香草、根茎、花朵,信手拈来,简单搭配,就是一盘开胃悦目的沙拉菜。

它是写在餐桌上的,一首绿色的小清新。

沙拉霸主：生菜

在某种意义上来说，生菜可以和沙拉菜划等号。统称为生菜的它们，是菊科莴苣属成员，也是最早出现在罗马人食谱上的食材。现在全球的沙拉菜食材中，生菜要占到大半江山，培育品种超过万种，根据形态又可以分为结球、散叶等多个类型。

结球生菜（crisphead lettuce）

最常见的圆球形生菜，叶片完全抱合，清脆爽口。代表品种：圆生菜。

半结球生菜（butterhead lettuce）

内部叶片结成松散球状，叶片油润，又被称为奶油生菜，口感绵软清淡。代表品种：波士顿生菜。

罗马生菜（Romaine lettuce）

介于半结球型和散叶之间，又称为直立生菜，口感脆甜，是凯撒沙拉的指定食材。代表品种：绿罗马生菜。

散叶生菜（leaf lettuce）

生菜中种类最多的一型，叶片呈放射型自由生长。根据叶片的褶皱情况，又可以分为直叶、皱叶两大类。代表品种：罗莎生菜。

剑叶生菜（indian salad）

亦是散叶生菜的一种，因为形态较为特别而自成一类，特征是叶片直而长，口味清甜略带苦涩。代表品种：油麦菜。

以上所有这些，都统称为叶用生菜。和它对应的，就是茎用生菜——也就是我们日常食用的莴笋，最多见的用途是炒食。

011

势均力敌：甘蓝菜

除了生菜外，就要属十字花科芸苔属甘蓝类的沙拉菜最为集中了，常见的国民食材如紫甘蓝、西兰花、芥蓝、孢子甘蓝、羽衣甘蓝等，形态不一，但都以营养全面丰富而著称。最具特征的是这些蔬菜普遍含有抗氧化及抗癌成分，比如孢子甘蓝就有丰富的glucosinolate，一种异硫氰酸盐类化合物，被证明有效抗癌。当然，回到食材最根本的口味上来，生食爽口，烤食香脆，都很让人有胃口，但尽量不要煮食（西蓝花除外）。除了甘蓝类外，十字花科的芥菜、萝卜等也都是常见沙拉菜。

紫甘蓝：

最容易获得的紫色沙拉菜食材，相当大众。口味脆且甜，但略带一些甘蓝科特有的硫化物导致的异味，有人喜欢，有人接受起来略显困难。

西蓝花：

食用的部分不再是叶片而是花芽（假如去尝一下它的叶子就会感觉到格外的苦和臭），绿色花朵上的每个小颗粒，其实都是一朵未开的花。作为一种传统的健康蔬菜，西蓝花也是常用的沙拉食材。

孢子甘蓝：

欧美传统的圣诞食材，通过人工刺激甘蓝茎部的侧芽而得到的品种，也有人称它为迷你甘蓝，口感鲜嫩，形状讨喜，水煮后拌沙拉或是烤制都有一番风味。

羽衣甘蓝：

甘蓝叶片变异后得到的品种，分为观赏与可食两类，可食型羽衣甘蓝在有机饮食潮流中相当受欢迎，它含有大量膳食纤维、叶酸、多种维生素及抗癌成分，并且热量极低。

013

点睛之笔：香草

在餐厅点一盘香草沙拉，但你会发现里面的主要成分仍然可能是生菜或是其他常见的沙拉菜，香草仅是作为几分之一的点缀，但它决定了整个沙拉的口味。这就是香草在沙拉界特殊地位的表现，由于富含挥发性芳香特质，几茎香草就有浓厚的味道，用于提点沙拉的风味。根据用途，又可以分为食蔬型香草和调料型香草。需要提出的是，香草作为一类芳香植物的统称，来自多个科属，比如十字花科、唇形科等。

食蔬型香草：

多为大叶品种，味道较为清香、鲜嫩，可以直接作为蔬菜食用。代表品种如紫苏、罗勒。前者是东亚常见的生食蔬菜，而后者不仅在地中海地区有广泛的食用传统，在中国的河南，夏季常见的凉拌荆芥，亦是罗勒的一种食用方式。

调料型香草：

大部分香草属于该类型，多为针叶品种或狭叶品种，味道较为浓郁，口感特殊，经常作为烹饪调料来使用。在沙拉菜中主要是配合其他食材的味道，增加或提升味道。代表品种如虾夷葱、百里香。虾夷葱可以增添土豆沙拉这类较平淡的食材风味；百里香能够开胃促消化，与浓汤和生菜沙拉都可以搭配。

015

基本班底：大众食材

所谓大众食材，就是在全世界的餐厅里都找得到的品种，比如西芹、胡萝卜、洋葱、西红柿、甜椒、土豆、南瓜，这些品种也在沙拉菜界占有一席之地，也许因为太常见，你注意不到它们的存在，可一旦失去它们，沙拉就会黯然失色。

洋葱：

具有刺鼻的辛辣气息，无论是异国风味料理还是随处可见的寻常沙拉，出现洋葱都好像是理所当然的事情。它辣甜交织，回味别具一格。

西红柿：

有着异常丰富的品种分类，通常用于沙拉的是小型西红柿，洗净后整个放进去或一剖两半，它的酸甜汁液能够让沙拉的味调层次更为细腻。

甜椒：

富含多种维生素且口味以甜脆为主，所以作为调料的功能失去而更多地作为沙拉菜用于生食，高饱和度的亮眼色彩，是提升沙拉颜值的重要元素。

土豆：

口味平淡厚实，让土豆成为一种百搭的食材，即使在讲究新鲜嫩爽的沙拉中，也少不了土豆这一味。常见做法是煮食或做成土豆泥。南瓜的情形与此类似，它们都属于碳水化合物类型的食蔬。

地域特产：东方沙拉菜

　　由于中西饮食文化的差异，沙拉在中国只是到了近年才慢慢流行，但与此类似的吃法其实古已有之，民间早春时节流行吃野菜，文人士大夫们雅好的"花馔"，从烹饪方式上来说，与沙拉的本质并无不同，比如蒲公英，在中国和北欧国家的传统饮食中，都是早春时的尝鲜菜。而在全球农业发展迅猛的今时今日，更是有不少东方特色品种，成为国际化的沙拉菜食材。

　　传统野蔬可以在中国的各种文人著作、地方志中见到。比如北方早春的"树头菜"——香椿芽、花椒芽、木兰芽、柳树芽儿。江南春天讲究"三月三，荠菜鲜"，无论是生食凉拌或是用极其简单的烹饪方式进行处理，端上桌的那一盘，都可以把它视为中国式的沙拉。食材一致：鲜嫩食蔬；风格一致：简单烹饪；用途一致：在主菜前上桌，清口开胃。

　　而说到国际食材，最典型的代表莫过于京水菜（mizuna），欧美各大有机餐厅的人气食材，属于芥菜的一种，17世纪的时候在日本开始栽种，在日本一直有着国民食材般的地位，它的幼叶鲜嫩清香，清脆无渣，现在成为杂菜沙拉的要角之一。

019

高端路线：小品种沙拉菜

　　很难想象，每年4月，严谨自律的德国人，都会为一种食材而疯狂，白芦笋，被称为"春蔬之王"，其实，何止德国，以美食著称的法国、意大利，同样如此。刚收获的芦笋，简单地焯水处理后，只需要一点油和盐，就是无上美味。和芦笋类似的，还有朝鲜蓟，同样是时令食材，一大朵朝鲜蓟要剥掉绝大部分，只吃内芯的嫩叶和花蕊部分，因为难得而让人格外珍惜它的美味。

　　这类走高端路线的小品种沙拉菜，随着农业科技的发展，成员也在增加，比如种类丰富的芽苗菜，亦是沙拉菜的常选。比如冰菜，原产非洲的番杏科植物，经过日本种业公司的培植后，成为蔬菜品种，它含有丰富的氨基酸，表面自带一层晶莹的冰珠，又含有天然植物盐，口感脆嫩，还有淡淡的盐味，已经成为诸多美食博客的推荐食材。

021

颜值最高：鲜花沙拉

卖相上佳，清爽开胃，低热量，高营养，当时当令……符合这些要求的鲜花沙拉，绝对是沙拉菜皇冠上的一颗明珠。

采用可食性的蔬菜花朵作为食材，以自然随性的方式制作，口感清爽甜美，并且具有相当高的观赏性，是走高级路线的贵价餐厅最爱创制的噱头菜品。常见的如三色堇、旱金莲、南瓜花、紫丁香、矢车菊、琉璃苣、玫瑰（可食品种）、金盏花、兰花……

这些花朵色彩鲜艳，在以绿色为主的沙拉中，仅需要使用几朵进行点缀就能够相当亮眼；而它们的口味也以清、甜、酸为主，不会与其他食材有过大冲突；从营养价值上来说，作为花朵，往往含有一些绿叶菜所难以具备的营养成分。有了这些优点，何愁鲜花沙拉菜不受欢迎？

唯一遗憾的是，与已经实现全年规模化生产的常见蔬菜不同，鲜花食材的收获受到光照、气温、植物生长周期等诸多条件限制，产量有限，每年也只能在特定季节享用到，这让鲜花食材显得格外矜贵。

那些年，我们见识过的沙拉菜……

除了上述这些类别外，包罗万象的沙拉菜中，还有一些难以归类却备受欢迎的品种，有些已经为我们所熟悉，而有些，还属于高冷面孔，让我们来——认识下。

菊苣：

菊科菊苣属，中国人常吃的苦苣就是它的近系亲友，不过，菊苣属于结球品种，而苦苣属于叶用品种。大如拳头的红色菊苣已经是欧美的大众沙拉食材，而在国内还属于比较少见。此外，将菊苣根挖出后在黑暗环境中进行软化栽培，长出的白嫩芽也被称为菊苣，国内能够见到的品种俗称"白玉兰"。

西洋菜：

可能你在广东人煲的靓汤里见过它，但是否在沙拉菜式中见过？西洋菜也称水田芥，是一种在欧美国家有悠久食用历史的蔬菜，做沙拉的时候，需要摘掉茎，只使用叶片，否则味道会略显辣和苦。

新西兰菠菜：

名为菠菜，实则是一种番杏科植物，由于植株生长健旺，味道清爽可口，被引种培育，成为日常食材，与菠菜的食用方式类似，也是新近很受欢迎的一种沙拉食材。

叶用甜菜：

chard和beet在中文中都被翻译成甜菜，难免令人混淆，但其实就像莴苣和散叶生菜的区别一样。chard是叶用甜菜，又称瑞士甜菜，主要食用茎叶部分；比较嫩的叶子可以用来制作沙拉，而较大的叶子则需要经过煮、煎或烤等烹饪方式后才宜于食用。beet是指根甜菜，有黄甜菜和红甜菜之分，甜菜根主要烤食。

秋葵：

几年间就从没人认识的奇怪果实，变成市民菜场的当家主力，秋葵的口感和它的营养价值是决定因素，而它的多种食用方式对大家接受秋葵也很有帮助，想家常，就热炒；想清淡情调，冰盐水泡过后切片做沙拉也是美味。

第二章

米其林餐厅最爱沙拉菜

自己种也没问题

羽衣甘蓝、京水菜、芝麻菜、红色蒲公英、紫衣芥菜、新西兰菠菜、橡叶生菜……

米其林餐厅的菜单上，总会出现一些让你觉得新鲜的名字。它们个性十足，大有来头。

比如羽衣甘蓝，以区区蔬菜连续几年排入全美饮食潮流。

因为它在营养健康方面有太多好处。维生素C含量丰富，超过了号称"维C之王"的橙类。它是维生素A"天后"，对于皮肤非常有好处。它热量极低（比其他绿叶菜更低），膳食纤维丰富。它能够补钙——和牛奶的对比数据是，100克羽衣甘蓝含钙150毫克，牛奶只有125毫克……

比如芝麻菜，复杂的口感，辛辣味、芝麻香、胡椒口感，在第一次入口的震惊后，全世界的吃货都迅速地接受了这种原产于地中海沿岸的十字花科蔬菜，连它的种子、花朵都一并成为受欢迎的时尚食材。

以及红色蒲公英，蒲公英是随手可得的初春草根食材，但红色蒲公英却以特别的色彩和改良口感，一步登上大雅之堂。想想看，坐在摩天大楼最高层的旋转餐厅，配着代表城市文明的璀璨夜景，来一份看似野趣实则格外精致的沙拉，这种大满足太够格。

各种各样的原因，让全世界的大厨们费尽心思选择与众不同的食材，创意制作出让人赞叹的米其林级沙拉，当然，那价格也是同样级别的。

非要花昂贵的价格去米其林餐厅吃个过瘾吗？这些独特不凡的生菜，其实在家种植并不算难，除了自家饕餮外，偶尔在家宴客时摆将出来，或是去密友家玩耍采一束精心包装作为伴手礼，都绝对颜面增光彩。

Chapter.02

都已经进化成自己种米其林食材的全能吃货了，当然要做到知其然还要知其所以然，至少，在朋友圈晒早餐照片的时候，你说得出为什么今天要用像叶生菜来做三明治。然后，就按照这些标准，来挑选你在这个季节要为全家人种的高大上沙拉菜吧。

·稀有

受品种先天条件所限无法大批量生产、限定产地的小众食材、刚被发掘出来的新奇品种，这些都是非常有噱头的。比如日本冰菜，叶片上遍布像是透明冰珠的控盐细胞，含有其他叶菜所无的营养成分肌醇，所以迅速走红。

·高颜值

拥有与普通品种不同的外形、颜色，即使口味并没有改变，也足以刺激到大厨的创作欲和食客的胃口——这就是全世界的生菜品种逾万并且还在源源不断增加的根本原因。

·有特别的营养价值

全世界的沙拉菜品种那么多，能够在米其林餐厅的挑选中脱颖而出的，总会有一个萌点戳中你。比如女性为什么格外欢迎羽衣甘蓝，实在是因为它营养全面，热量又极低，满足了她们好吃不胖的奢望。

·口味独特

归根到底，还是要有令人难忘的滋味，这才是能够长久立足的关键。所以芝麻菜会久盛不衰，就连首次在国际空间站里品尝到自种生菜的宇航员Scott Kelly都要说："吃起来很不错，有点像芝麻菜。"

所有这些之外，还有一个不能忽略的标准：有机、健康。是的，在这个无论中外食品安全问题都频频发作的时代，这是最重要的事情。

自家沙拉，如何摆出米其林餐厅style？

不能不承认，同样的食材，在大厨手下能呈现出来的美感，实在胜过普通人太多倍。这里面当然有各种原因，有些是家庭难以实现的，但对于沙拉来说，由于烹饪方式相对简单，只要你略有厨艺，在食材上消灭了差距，再多借鉴一些摆盘技巧，至少可以学到五成功夫。

自己种植，食材提供更多可能性

关于这个论点，我有一个特别好的例证来说明。经典鸡尾酒Mojito调制起来并不难，但往往在"薄荷"这项关键配料上被卡，其他的都可以购买，但最新鲜的薄荷如何保证？解决起来很简单，自己种一盆，立刻就能成为Mojito达人。

沙拉是一种格外讲究食材健康与新鲜的菜式，健康——沙拉以生食为主，如果在生产过程中使用了大量药、肥、激素，而这些又很难肉眼识别，那吃沙拉与服慢性毒药何异？新鲜——沙拉菜大多滋味清淡，调料也会相对简单，主要是为了获得生鲜菜中的全面营养与那个嫩脆的口感，拌一盆打蔫的黄菜叶是几个意思？

自己种植，哪怕是种一盆最简单的绿橡叶生菜吧，可以做到采摘到端上餐桌不超过30分钟，连菜叶断口处流出的白色汁液还没有凝固呢。而且，无论是想来两朵芝麻菜黄花做顶端装饰，或者是觉得紫衣芥菜的梗可以留得更长些，这都全由你自己决定，再全面的有机超市，也难以提供这些千奇百怪的个性化食材。

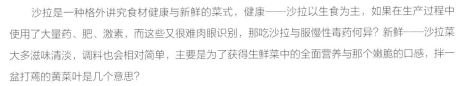

多多参考米其林餐厅的创意

总觉得自己做的菜，哪儿哪儿都下功夫了，但拍出来仍然是姿色普通，差距在哪里？关键是突破常规思路，不拘泥于"把菜整齐地放在盘子里"。像搞艺术创作那样去对待你的沙拉制作吧。如果缺少灵感，往下看。

这个世界上有各种网红，时装、美妆的当然不用我再说，从他们的每日发布中你能获得各种装扮灵感，那么，做沙拉又何尝不是呢？除了海量美食网红外，我更为推荐你关注一些米其林餐厅及超级大厨的社交账号，他们不仅会推送当令美食，更有不少大厨乐于分享创意过程及以食材的思考，哪怕你不关注这个过程，但，跟着他们最终发布的创意沙拉，来个照猫画虎，效果也应该很惊喜。

Arugula

摇摆，摇摆，芝麻菜！

——辛香口味在生食菜中独树一帜。

——生长迅速，照料简单。

　　　　更为清洁。

臭菜，你也来啦？

　　东北朋友来我家做客，恰逢芝麻菜生长旺季，沙拉当然选用芝麻菜叶作为主料，对没有品尝过这味菜的人来说，那浓郁的芝麻香是很有欺骗性的，以为很香甜，吃到嘴里却是芥末味的辛辣，表情会非常精彩。

　　然而，东北朋友的表情出乎我意料，闻到这芝麻香，她眼眶都红了："臭菜，你也来啦？"

　　虽然原产地中海沿岸，但芝麻菜早已在中国的东北种植超过百年，蘸大酱配小米饭，早已褪去它的傲娇气，连名字都改成颇为乡土的"臭菜"。

　　哪怕是在高级餐厅被硕大的白盘子盛装出来，但对于远离故乡，独自在都市打拼的这一代来说，它仍然是一盘"千里有缘来相会"的臭菜，代表着远去、遗憾与思念。

它的辣味绝对能让你虎躯一振！

沙拉菜冷知识·曾是春药的芝麻菜

美国人叫它arugula，英国人则称它为garden rocket或是更为简洁的rocket，原产地中海沿岸，据说它曾是罗马人的春药，所以，中世纪的修道院是不可以种芝麻菜的。最早它是摩洛哥、葡萄牙和土耳其人的食材，然后，在伊丽莎白时代，芝麻菜登上了英国人的餐桌，成为沙拉里的必备选项。然后英国殖民者把它带到了美国，但一直到1990年前后，在证实了芝麻菜的营养价值后，它才迅速席卷全美。现在，它是全世界人民的爱了。

花 色泽淡雅，味道清香，作为烤肉点缀最为适宜。

开花后叶片 纤维变粗不宜生食，但气味浓郁，可以与花朵一起浸制橄榄油。

嫩叶 清甜，有淡淡的胡椒味，幼叶沙拉首选。

成叶 辛辣味明显，口感清爽，最典型的沙拉选择。

生长迅速，分批采收

适宜种植期：每年3~5月、9~11月
种植方式：直接播

播种 具有十字花科种子的典型特征，近圆形，直接播种即可。均匀撒播后覆盖约3~5毫米的细土，保持湿润，约3~5天后即可出苗。

照料 只要光照和水分充足，芝麻菜生长迅速，大约15~20天之后便能长出4片以上的真叶，已经能闻到明显的芝麻香。

采收 发芽20~25天后，即可采收嫩叶食用。如果偏爱口味浓重的，可以略等几天待叶子长足亦可。家庭种植芝麻菜采收的时候，从叶子梗部直接掰下即可，植物仍可继续生长，保证源源不断的新鲜供应。

厨花君QA

Q: 怎样做才能让芝麻菜成为我家餐桌的常客？

A: 做个连续的播种计划吧。在第一盆芝麻菜播种10~15天后，播种第二盆，依此类推，这样你就会发现从幼叶到花，想吃什么有什么。

口感刺激，热量低，营养爆棚

　　没错，芝麻菜热量很低，但营养成分很爆棚，富含维生素A、维生素C、维生素K、维生素B群。令它受到格外重视的是抗癌效果，它含有丰富的吲哚，吲哚的脂溶代谢物DIM已被证实具有抗癌效果。同时，芝麻菜还是很好的叶酸来源。

沙拉示范

芝麻菜配萝卜、樱桃沙拉

　　芝麻菜嫩叶洗净，小萝卜切片，加入适量盐、橄榄油拌匀即可使用。清甜辛辣的口感能够刺激味蕾，食用完毕可以用樱桃清口。

还可以这样吃

鲜花冰块

　　芝麻菜的花朵亦可以食用，是制作鲜花冰块的好材料，嫩黄的颜色在冰冻后可以依然保持鲜艳，用于夏日调饮的装饰。

百搭沙拉食材

　　纯芝麻菜沙拉较为"重口"，更多人习惯的是来一点儿。大部分沙拉蔬菜的口感都较为清淡，适当加入少量芝麻菜叶，既可以增香亦可以丰富口感。

Arugula

风味柔和的
板叶芝麻菜

——辛辣口感有所减淡。
——习性更为强健的品种。

板叶芝麻菜vs芝麻菜

板叶芝麻菜因其叶形而得名，叶片肥厚，边缘呈圆润的波浪形锯齿状，自清中末期引入中国后，在东北及山东地区普遍种植的便是这个品种，经过多年人工培育，辣味及苦味变得较为柔和。最明显的特征是开淡棕紫色花朵。而在西餐厅所说的芝麻菜，通常指意大利芝麻菜，它保留更多野生芝麻菜的特征，如黑胡椒般的辛辣感明显，叶片较瘦，锯齿明显，开黄色花朵，除了生食外，亦是做青酱的食材之一。

叶片大而厚实，植株也更为高大，淡棕紫色花朵，茎干上有淡淡的毛刺。

叶片较小，锯齿更为尖锐，花朵嫩黄色，较板叶花朵体型更小。

沙拉示范

花芸豆芝麻菜沙拉

　　芸豆水煮后冷却，加入芝麻菜幼叶，少许橄榄油及盐调味。豆泥口感细腻，配上清香爽口的芝麻菜，适宜早餐及轻食。

芝麻菜浸橄榄油

　　生长超过40天后，芝麻菜纤维变粗，进入老化期，口味已不再适合生食，但芳香成分很充足。将这些茎、叶、花采收后，可以用于浸泡橄榄油，获得风味独特的烹饪调料。

还可以这样吃

丰腴清香洋菠菜

——可以持续不断采收嫩茎。
——夏天生长更健旺的菠菜。

总有一天等到你

由于之前在播种番杏科多肉植物时有很多痛苦难忘的经历——种子太过细小，打个喷嚏就不见一半；出苗及移苗对于眼睛和手指的微操作都是极大的挑战——拿到新西兰菠菜的种子时简直喜出望外，没错，这差不多有绿豆大小的种子，居然也是番杏科的。

但大也有大的坏处，新西兰菠菜种子外皮坚硬，吸水困难，所以需要温水浸泡两三天催种，然而，这样处理后，播下地的种子仍然过了大约20天才艰难地露出一点绿芽。在每日例行巡查菜地时看到这点绿，几乎是喜极而泣。

转眼两个月过去了，与等待出苗时的艰难不同，新西兰菠菜的生长照料居然是相当简单的，等到它的蔓生枝铺满了菜地时，除了收获，我居然没有什么可再为它做的了。

New Zealand Spinach

叶片肥厚的多肉蔬菜

沙拉菜冷知识·来自海滨的野生食材

番杏是少见的原生在海滨地区然后被人工驯化育种的蔬菜，在原产地澳大利亚、东南亚目前仍然有大量的野生番杏，是一种耐盐碱、固定沙砾的绿化植物——通常说来由于土壤及气候原因，这些植物的口味都会比较差，偏偏番杏的尖梢又嫩又软又清甜，从海滨一跃而上了餐桌。

茎部 番杏有很强的蔓生特质，它不像其他蔬菜那样有明显的主茎，而是会生出多条茎干，一株便可以长成一大蓬。

叶片 三角形的叶片肥厚喜人，还带着一层淡淡的茸茸白毛，与八竿子打不着的菠菜很有相似之处，难怪被称为新西兰菠菜或洋菠菜。

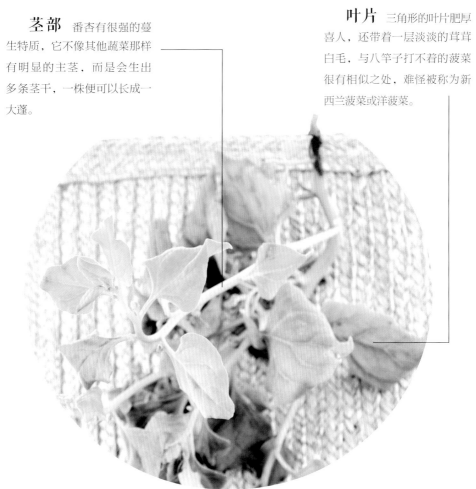

植

长达5个月的采收期可绵绵享用

适宜种植期：春夏两季
种植方式：播种、扦插

播种 说是种子其实是种荚，每粒犹如迷你菱角的种荚内有数粒种子，但在播种的时候无法单独剥离，只能播种荚，事先要浸种催苗，不然发芽期有可能长达两三个月。

照料 幼苗出土后只需定期浇水和保持足够光照，它便会健壮生长。

采收 待蔓生枝条长到15厘米以上时便可以采收，采得多也会刺激萌发新枝。

厨花君QA

Q: 番杏长得太旺盛，纠结成一团了怎么办？
A: 番杏的主要生长期在夏天，如果植株过密会导致通风不畅，可能发生叶腐，所以要适当修剪过密的枝条，保证每一茎都能够充分通风和接受光照。

微带涩口的清香美味

番杏口味与菠菜类似，这也是它得名的又一原因，不过比起普通的菠菜来，它的叶片更为肥厚，口感更丰润。注意，只采收嫩尖食用，茎部下端的叶片既苦且硬，难以食用。

沙拉示范

培根番杏沙拉

番杏生食有淡淡的酸涩感，搭配煎培根，以黑胡椒进行调味，滋味相当独特。

还可以这样吃

凉拌番杏

番杏含有单宁酸，汆烫处理是必要的，大约1分钟便可出水，否则会过于烂软。虽是洋蔬菜，但拌以蒜片等传统中国凉拌菜调料，口味相当协调。

中式快炒

口感与菠菜类似，食用方式也可借鉴，无论是快炒还是上汤，中式烹饪的丰富蔬菜处理手法都可以用来制作番杏。

健康有机羽衣甘蓝

——种植起来非常有成就感。
——是轻食和零食的最佳选择之一。

当一种食材代表了潮流……

"潮流"这个词，向来跟时装、化妆品或者是电子产品的关系最为密切，然而在某些时候也可能出现例外，比如，进入21世纪以来，羽衣甘蓝成为了美国人的时髦品，而且这种潮流一直保持着。有机连锁巨头Whole Foods在其中居功甚伟，羽衣甘蓝，这种味道并不算有多美妙的蔬菜，成为所有时尚餐厅的基本菜品。

它的营养价值让人目瞪口呆，大量膳食纤维、强效抗癌物质、叶酸、维生素C、维生素A、维生素K……好吧，借用一位有机食物专栏作家的话："Kale is love. Kale is truth. Kale is glory. Praise Kale for it is Lord."

其实，对热捧羽衣甘蓝的女性来说，所有的优点加起来，都比不上以下的这一条：它的热量非常非常非常低，每100克只有30卡路里。

把蕾丝裙种在花盆里

沙拉菜冷知识·一分钟了解羽衣甘蓝分类

首先，羽衣甘蓝的中文名称过于概括，它包括了两大类：ornamental kale，观赏型，城市绿化中常见的品种。edible kale，可食用型，即有机蔬菜超市中可买到的品种。其中，可食用型又根据叶型分为以下几种：

最普遍的curly Kale，叶边卷曲如蕾丝裙，常见的有绿色与紫色。

tuscan Kale，又叫黑甘蓝，颜色深绿发乌，卷曲不是很明显。

rape kale，长得很像油菜，但叶片边缘比油菜更卷曲一点。

根部 羽衣甘蓝个头很壮硕，较一般蔬菜来说属于"巨人"型的，种上几棵就足够食用。

叶片 卷曲的叶子像公主裙，非常有观赏性，吃的时候可以自外而内采取叶片，一株羽衣甘蓝可以吃很久。

植

与玫瑰相比也不逊色的蔬菜

适宜种植期：春秋两季
种植方式：播种、移栽

播种　圆滚滚的种子与萝卜种很类似，发芽率很高，每穴播1~2颗即可，在发芽前，保持播种盆的土壤足够湿润。

照料　先长出两片圆形的真叶，大约半个月后会长出真叶，有2~3片真叶时可以移栽定植。

采收　当最大的叶片长度达到20厘米时，便可自外至内进行采收，注意沿着叶柄剪下，不要伤害到羽衣甘蓝的主茎。

厨花君QA

Q: 我的羽衣甘蓝被虫咬了很多洞怎么办？
A: 作为甘蓝科蔬菜，虫子也很爱吃羽衣甘蓝，建议与具有驱虫作用的香草植物合植，比如欧芹、罗勒，让这些植物散发的异味驱赶虫子。

食

诱人的奶油香让人食欲大振

　　羽衣甘蓝的营养价值让人震惊，但是，如何让它吃起来更美味却是一个需要攻克的课题，通常来说，烫软后拌沙拉以及烤食是两种主要食用方式。前者口感绵软但略有苦口感，后者在口味上更赞，但营养价值的保留略逊。

沙拉示范

水煮羽衣甘蓝配烤红枣沙拉

　　清洗后的羽衣甘蓝在开水中余烫片刻，捞出后沥干切成小段，加盐、橄榄油，点缀微微焙焦的红枣，气味香甜。

还可以这样吃

凉拌羽衣甘蓝

　　以处理中式凉菜的方式来烹调羽衣甘蓝，必要的处理步骤依然是先要在热水中余烫，之后浇上凉拌汁便可以食用。

蔬菜卷

　　羽衣甘蓝的叶片又长又宽大，作为蔬菜卷的材料相当适合，选择大小适中，剪去叶柄后便可以配合其他食材进行制作。

被忽略的
花青素食材

——紫色观赏效果更为明显。
——花青素含量丰富的蔬菜。

紫色羽衣甘蓝vs绿色羽衣甘蓝

　　通常我们会被眼睛欺骗，紫色羽衣甘蓝的花青素含量更丰富？也许，但科学实验并不能很明确地证实这一点，事实是，在所有颜色的羽衣甘蓝中，花青素含量都很丰富。不过，在大部分都是绿色的蔬菜中，来一点紫色的，会让整个餐桌看起来更悦目，这才是我们倾向紫色羽衣甘蓝的理由吧。

在株形上几乎没有什么区别，同样都有着卷曲的叶片边缘，主要在于颜色的区分，在光照不够充分的条件下，紫色羽衣甘蓝的叶片也可能呈现部分绿色。

沙拉示范

脆烤羽衣甘蓝

烤甘蓝片是非常受年轻女孩欢迎的美食，甘蓝科蔬菜特有的苦味，在高温烘烤后变成诱人的奶油香味，脆脆的口感让人欲罢不能，最重要的是，尽管吃吧，不会胖！

羽衣甘蓝蔬菜汁

榨汁也是常见的羽衣甘蓝食用方法，需要提醒的是，如果在口感上比较挑剔，那么，加入橙子是一个比较好的调节方法。

还可以这样吃

人淡如菊
京水菜

——清新脆爽的口感。
——家庭种植可以水耕，
　　　更为清洁。

一株菜，一段乡愁

　　泽田厨房的泽田太太，在中国生活多年，日常的工作是为小型聚会和活动定制有家乡风味的日本料理，提起来就要叹息的是："在北京，哪里可以买到mizuna？" mizuna，京水菜，对日本人的意义就像大白菜对中国的北方家庭一般重要，冬季不可或缺，让一锅温暖的煮物有浓浓的家的味道。

　　确实，如今已世界大同，想买日本药妆、文具、小物都随时可以海淘或者代购，什么稀奇古怪的贵价食材也都不难找到，然而，一棵最普通的京水菜，却因价格低廉、储运不便，不可能越洋而来。于是，在每年的初冬，泽田太太仍然只能惆怅地想念着。一株菜，是一段乡愁呢。

具有优美形态的直立叶菜

沙拉菜冷知识·京水菜由何得名？

1686年，在日本的一本地方志《雍州府志》中，首次以文字形式提到了在京都有人栽种"水菜"，因为使用了肥料，所以要在畦间引水灌溉，所以取名"水菜"，而日本其他地区的人，出于对京都风物的一贯尊崇，称之为京水菜，如同京果子、京和纸一样的渊源。

茎部 细长挺直，半透明质感代表着水分充足，仔细观察才能察觉到纤维的存在，这样的茎代表着菜质细嫩，清脆无渣，著名品种千筋京水菜就是以此作为评判的标准之一。

株形 细长挺直，株形优美，茎和叶的长度比例和谐，这样的京水菜在食用之前已能给人足够的美的享受，在中国，京水菜亦被称为水晶菜，可见其晶莹剔透之意。

叶片 有着均匀锯齿边缘的叶片，线条优雅，叶片厚薄适中，嫩绿中可见清晰的白色叶脉，无论是生食还是火锅都清爽无比。

047

能够很快收成，带来满足感

适宜种植期：每年2~5月、9~12月
种植方式：直接播种、种苗移植

播种 种子比芝麻略大，圆滚滚的还蛮有分量，播种起来也比较容易。家庭种植使用深度超过20厘米的条盆最为适宜，也可以播在穴盆中，等长出三四片真叶后移植。种子撒下去后，覆盖一层薄土即可，保持盆土充分湿润，一周左右幼苗便能出齐。

照料 京水菜喜欢凉爽的气候，所以适宜在春秋两季种植。充分浇水，尽量保持土壤表层微湿的状态，施薄肥，如果土质较好，不施肥也可以。

采收 出苗后6周左右是最佳收获期，生长时间过长，纤维老化会影响口感。如果天气比较炎热，会造成提早老化，可以在植株大约有15厘米高时便进行采收。

厨花君QA

Q: 为什么我种的京水菜，叶子上有一条条白白的像虫子的痕迹?

A: 这是潜叶蝇的幼虫在叶片下穿行导致的，靠近土壤部分的叶子比较容易受害，出现这种痕迹的叶子不能再食用。防治方式是更换花盆土壤或将土翻出来在阳光下暴晒消毒，以消灭有可能存在的虫卵。

口味清淡而营养丰富

　　京水菜是典型的高钾低钠蔬菜，非常符合现代人的膳食需求，口味清爽而营养价值颇高，钙、钾、铁等矿物质含量丰富，维生素C和维生素E也很充足，纤维素含量也很高。无论是单独生食或作为配菜与其他食材一起烹饪都表现优秀。

沙拉示范

黄瓜京水菜沙拉

　　口味清甜的黄瓜与京水菜和谐相配，作为装饰的迷你番茄有着酸甜的口感。无需过多烹饪调味，只需要淋一点海鲜酱油，便能够充分享受清鲜的一人食沙拉。

还可以这样吃

火锅涮菜

　　能够消除肉类的腥膻，口味清爽解腻，一涮即食，是涮锅的百搭食材。

冬季煮物

　　在日本是最传统的食用方式，与豆腐、肉类等一起煮食，口味家常而温暖，类似于中国对大白菜的食用方式。

Dandelion

苦淡滋味野菊苣

——可以盆栽也可以当成地被植物。
——广泛认知的药用价值。

爱情蒲公英

因为与蒲公英相似而被命名为"红色蒲公英"的这种蔬菜，实际是菊苣家族的成员，属于叶用红菊苣，因为有着锋利的锯齿，所以这一类也被称为锋利菊苣。之所以被借到蒲公英家族来，因为菊苣同样是不折不扣的野菜出身，清苦的味道蒲公英也很类似。

说实在的，红色蒲公英听起来比锋利菊苣要浪漫多了。十多年以前，在香港红馆，陈升、张宇一班台湾歌手开了场名为《爱情蒲公英》的演唱会，老男人的清新小情歌自有魅力，然后又有一部《Dandelion》的青涩爱情片感动了很多人。在在这个科技已经能改变农业气候的时代里，唯有犹如蒲公英这样的野菜，只在每年初春时能够供人一尝鲜嫩，过时不候，在爱情转瞬即逝时，请务必珍惜。

菜园里的小野趣

沙拉菜冷知识·蒲公英之都

作为一种野菜，蒲公英大可以骄傲起来，因为无论在东方还是西方，这种开着小黄花有锯齿型叶子的植物都有着悠久的食用、药用历史。它甚至成为美国新泽西州Vineland市的标志性产品，这里大批量种植蒲公英，采取嫩叶作为沙拉食材，并且获得了一个非常有趣的名称"the dandelion capital of the world"。

茎部 紫红色的茎让它在花园里很容易被发现，直立生长的特质让它更利于园丁采收。

叶片 锯齿状的叶子是锋刃菊苣的得名来源，采下来鲜食或炒食都可以尝试。

只需要播种就可以了

适宜种植期：春季
种植方式：播种

播种 轻巧的种子吹口气都会飞起来，播种的时候最好拌上湿沙，以便均匀撒种，之后轻轻洒上细土即可。

照料 虽然是人工培育出的红色品种，但习性和野生的没有太大差别，只需要在干旱时浇水，其他不需要做太多的照料工作。

采收 长出6~8片叶子时便可以采收，可以只剪收叶片也可以整株收获。

厨花君QA

Q: 怎样保证采收到最鲜嫩的叶片？
A: 在春秋季种植最容易，天气变热后，叶片纤维极易老化，过于大片的叶子就不再适宜食用了。

野蔬沙拉自然味

比起各种菜场常见蔬菜来，坦率地说，野蔬的滋味并不胜出……因为"家蔬"们在悠久的培育历史中，会变得越来越适合人类口味。像涩、酸、粗这些特点都被慢慢改良掉了。但野蔬牢牢占定了一个"鲜"字，真正按照时令萌芽生长，那种天然的清香是无论如何也无法人工制造出来的。

蒲公英、二月兰、荠菜、灰灰菜、苋菜，并非菜场随时能够买到的早春野蔬，只在这短短的季节里能够大快朵颐，用它们制作健康的轻食沙拉，光用想的都觉得是一桩美事。比如蒲公英，它有一点淡淡的苦味，这也是它身为野蔬的特质之一。在营养价值上，蒲公英富含维生素A、维生素C，铁含量是菠菜的三倍，还有多种微量元素，属于被忽视的健康蔬菜。水煮芸豆以胡椒碎提味，配以紫衣芥菜、芝麻菜及奶油生菜，红色蒲公英衬底，一道属于春天的蔬菜之味。

有讲究，
沙拉
这样吃！

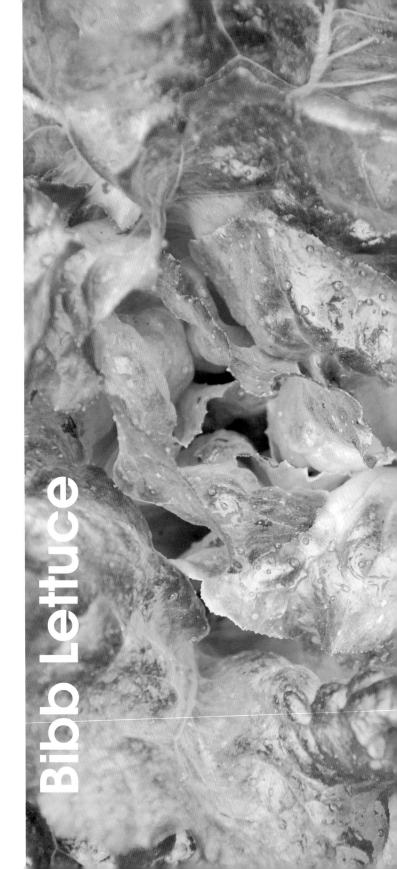

比布生菜
圆润讨喜

——叶心的黄绿与叶片边缘的红紫色对比明显。

——株形紧凑而圆润。

只能种一棵

朋友问我，如果只打算种一棵生菜，应该选择哪个品种？

哇，这简直是跟"如果包包里只能带一件化妆品"同等难度的问题吧。不过，厨花君还是给出了答案。Bibb lettuce，它的中文译名可能是紫奶油生菜、奶油咖啡生菜，黄绿与红紫相间的叶色、一样紧凑而边缘散开的叶片以及有着油润光泽的质感，是觉得它可以作为生菜首选的三大理由。

即使只能在阳台上的花盆里种一棵，它也足能够撑起场面。犹如超大花朵般，以斑斓的色彩装饰着窗边的风景。假如实在馋得忍不住，悄悄从边缘采下些叶片来食用，也绝不会影响观赏效果。

Bibb Lettuce

奶油咖啡感觉的生菜

沙拉菜冷知识·Butterhead　lettuc

　　Bibb生菜和Boston生菜的命名方式，总让人觉得它们应该有很近的关系（Bibb和Boston都是美国北部的城市），没错，它们属于同一类型的生菜，Butterhead lettuce。可以直译为奶油半结球生菜，叶片质感柔腻而有光泽感，像奶油一般细腻。半结球则是指它们会生长成松散的球形，但又不会像结球生菜那样紧紧包成一团。两者间的不同在于，Bibb生菜叶片边缘呈现红紫色，而Boston生菜则以黄绿为主色调。

叶片　黄、绿、红、紫，一株生菜具有这些和谐的色彩本身就是种奇迹，这是因为不同部位接受到的光照条件不同所赐。

株形　中心大致呈球形而边缘散开，让这株生菜具有相当的美感，在口感上两种叶片也略有差异。

植

开在早春和晚秋的花朵

适宜种植期：春秋两季
种植方式：播种、移栽

播种 喜欢凉爽的天气，早春和晚秋种植更能够收获口感上佳的成株。

照料 浇水要适中，否则容易造成底部烂叶。在中心部位略微结球后，要注意光照。

采收 40~50天后可以采收，因为不耐保存，所以最好是现吃现收。

厨花君QA

Q: 我感觉这种生菜比其他的生菜苦味要重一点儿？

A: 你的感觉没错，它保留了更多原生品种的苦味，可以折断一片叶子的茎部试下，红比布所分泌的白色乳液会较其他品种更多些，而这就是苦味的来源。

绿叶沙拉经典配

　　沙拉虽然名堂繁多，但最基本的就只是分为三类：绿叶沙拉、单一沙拉和主食沙拉（或者叫混合沙拉），简单地解释，就是混合多种沙拉叶、只使用一种沙拉蔬菜、以及与鱼、肉等主食混合。

　　其中，绿叶沙拉堪称最为经典和常见。制作相当随性，手边既有的沙拉菜，选择味道较为相合的混合调制，酱汁则使用最为清爽的油醋汁——酸爽开胃，用做头盘再恰当不过了。

　　顺便报告下我日常使用的油醋汁配方：橄榄油2勺、醋一勺（果醋或香醋都可以）、研磨少许黑胡椒，洒一点点盐，搅拌均匀后就可以使用。是不是简单到一看就会？

有讲究，
沙拉
这样吃！

甜软嫩
波士顿生菜

——具有奶油般的甜嫩味道。
——栽培过程需要格外当心的娇
　气品种。

比布生菜vs波士顿
生菜

　　乍看犹如一对姐妹花，细看
还是有区别。即使是绿比布生菜
与波士顿生菜也是有差异的，波
士顿生菜开放得较为含蓄，更偏
向结球品种一些，而比布生菜开
放得更为绚烂些，真的让人有种
"这是种了棵生菜还是玫瑰啊"
的错觉。

Boston lettuce

柔软的菜叶有着轻微的褶皱，如果折断了能看到断口会有少量白色乳汁分泌，叶色较其他生菜偏向嫩黄，这与它的培植方式有关系。波士顿生菜怕湿、怕晒、不耐旱，摘下来就要赶紧吃掉，几个小时后菜叶就会变软打蔫，所以种起来需要格外呵护。

沙拉示范

梅子生菜沙拉

　　非常适合女生口味的沙拉，梅子的酸甜与波士顿生菜的嫩甜互补，是最讨喜的轻食沙拉风格。

还可以这样吃

腌青椒配波士顿生菜叶

　　波士顿生菜叶片呈半球形，大小适中，做各式蔬菜卷或摆盘铺垫都很适合，腌青椒口味咸鲜，正好用生菜的甜嫩来清口。

芥菜中的美少年

——深裂叶片具有超级美感。
——能够适量生食的少见芥菜品种。

会跳舞的文艺青年

"谁说文艺青年不能旋转，谁说旋转出一定是圈"，出自李宇春的这首《会跳舞的文艺青年》用在紫衣芥菜身上真是相当合适。

芥菜，通常读作gài菜，是一个非常庞大的蔬菜家族。北方常用来炒食的大叶芥菜、腌菜常用的雪里蕻都属于芥菜，它们通常长得大棵又实在，这种淳朴的卖相在蔬菜界混没问题，但是要用挑剔的审美眼光来看它们，难免失之蠢笨。

好在，有了紫衣芥菜这个会跳舞的文艺青年，它的深裂叶片具有光影交错的美感，株形也相对秀气，紫色叶片代表着丰富的花青素含量，即使作为花材都觉得毫不逊色。

可是别担心，再会跳舞，它仍未忘记本分。紫衣芥菜，还是一种蔬菜。

Leaf mustard

叶片具有相当的线条美感

沙拉菜冷知识·芥菜芥末大不同

因为同带一个芥字，而且芥菜的口感确实带一点苦辣，所以很多人会以为它和芥末有关系，没有。芥菜是mustard，食用的部分是叶与茎，炒食、炖肉。也有食用根部的，比如常见的大头菜，便是一种芥菜。而芥末是wasabi，由山葵的根部磨制而成，两者是完全不同属的植物。

叶形 深裂的叶片不同于大片的普通芥菜叶，像是鹿角的形状使得它具有与普通蔬菜不同的层次感。

叶色 紫色叶片代表着营养价值的升级，作为沙拉菜的搭配班底，也能够丰富整个沙拉的色彩。

植

冷凉气候种起来更适宜

适宜种植期：春秋两季
种植方式：播种

播种 典型的十字花根菜种，圆面有分量，播种起来很简单。注意不要撒播，而是按行播种或是穴播，因为它会长得比较大。

照料 在15~25℃之间生长迅速，过热就容易叶片变老、虫害变多，要注意通风和降温。

采收 约20厘米高，长出超过10片的叶片时便可以开始采收，沙拉、炒、涮都很适宜。如果开出黄色的小花时就口感变差，不再适宜食用。

厨花君QA

Q: 如何保证种出这么美的芥菜？

A: 选择一个好品种是最关键的，我种植的这个品种是 frizzy lizzy，紫色与深裂叶片是它的两大特征，但普通大叶芥菜的种子和它的种子看起来区别不大，所以，要选择信得过的种子供应商。

一点芥菜味，十分清嫩劲

　　具有适中的苦辣风味，叶片薄而脆，口感上佳，作为芥菜中难得的沙拉用品种，紫衣芥菜的爽脆、清嫩都是它受欢迎的理由，当然，不能否认的是沙拉中只要加进一点紫衣芥菜，就会变得更悦目。

沙拉示范

玉米芥菜沙拉

　　口味清甜的玉米粒，与紫衣芥菜搭配，一糯一脆，一甜一苦，感觉非常圆满。在色彩上黄与紫相配也是很有食欲的搭配。

还可以这样吃

萨拉米肠配紫衣芥菜沙拉

　　典型的意式香肠风味，对中国人来说未免有点腻，加上紫衣芥菜的生辣感做调节，便恰到好处了。

清炒芥菜

　　炒芥菜是常见的家常菜，快炒化解了芥菜特有的苦涩感，反而有种开胃的清辣，紫衣芥菜虽然外表同普通芥菜差异颇大，但炒食口感基本相同。

三思而种，
小众沙拉菜

种植叮嘱：你可能会遇到这些问题

这些米其林爱用品种，不像黄瓜、香菜那样，属于家庭小菜园的常见品种，所以在种植上，有可能会遇到以前遇不到的新问题，但不要有畏难情绪，办法总比问题多。让我们来一个个解决。

问题一：哪里去寻找种子？

网络购买（海淘）、农业示范园

X宝号称什么都有，稀奇的沙拉菜种子当然也不缺，但需要提醒的是，种子是一类特殊商品，需要几个月的种植时间来验证。即使有初步的种植经验，也很难判别，比如生菜，所有的生菜种子都长得十分类似，完全不可能通过外形来判断。所以，选择口碑好的卖家非常重要。有一种不甚正规的方式是，以标准品种名进行海淘，但种子作为需要报关检疫的商品，理论上是不能够这样随便购买的。

另外一种途径则容易被忽视，走特色种植路线的采摘园、农业示范园，也会兼售一些特色种子及种苗，新品种的沙拉菜是很受他们欢迎的种植品种，现场看实物购物，"所见即所得"，相对

来说更保险。

问题二：种植上的问题问谁？

　　万能的朋友圈可能也没法在这方面帮到你，不过，去园艺论坛逛逛是很有用的，这些论坛通常都会专门为家庭种菜辟出专区，有达人热心回答，或者关注一些园艺达人的社交账号。另外，就是靠经验类推，再稀有的生菜品种，依然是生菜，如果没有任何人可以传授经验，那就按照普通品种的方式去试一下。从播种到收获，原本就是一场带点小小冒险的有趣游戏。

问题三：这种超市没有的食材怎么吃？

　　真的不用担心，这些食材已经被端上米其林餐桌了，你还要担心它味道不佳吗？对于沙拉菜来说，万变不离其宗，想想我大中华烹饪方式之浩如烟海，你怎么可能应付不了"如何做外国大拌菜"这个简单问题？当然，用关键词google一下，你可能会少走很多弯路。

chapter.03

不寻常的家常沙拉菜

家常沙拉菜也可以吃得不一样

结球生菜、散叶生菜、苦苣、樱桃萝卜、油麦菜……

这些最常见的国民蔬菜，你一定吃过，但你了解它们吗？

比如：

为什么虾夷葱可以用来做沙拉，换成山东大葱就画风不对？

樱桃萝卜不都是红的，也有紫的、白的、粉的，甚至双色的。

油麦菜和芝麻菜是老乡，都来自地中海沿岸。

全世界成规模栽培的散叶生菜也有几百种，你吃过几种？

当然，也有些品种，看到它们你就会说："咦，我吃过！"但你知道它们姓甚名谁，究竟是什么品种，应该怎么吃才滋味最好吗？

罗马生菜长得像白菜，但滋味和白菜相去甚远。

鼻尖橡叶生菜虽然普遍种植，大家的吃法却都有点走形。

拳头大小的红菊苣看着长得像紫甘蓝，却和苦苣是"一家人"。

以及，原来中国的野菜，也可以做成外国人最爱的沙拉。

你以为的乡间野菜马齿苋，其实是一种非常国际化的蔬菜。

菊花脑却真的只有江南地区的人民才懂得它的好。

寻常事，学问大。这些看似家常的沙拉菜，一旦真正用心去种植与照料，收获的，绝不仅仅是一棵能吃的菜，在这个过程中，会理解到人、食物、自然的关系；会感受到成长与收获的喜悦；会激发探究寻常食材背后的奥妙……

一米菜园，square foot garden，针对现代都市生活提出的密集种植园艺方案。标准的一米菜园当然最好是方方正正一块，然后用麻绳和竹竿分区，但我们可以对这个概念灵活实施，比如，把家里积攒的20个花盆拼凑在一起，或是专门购入几个种菜的长条盆，同样可以创造出属于你的一米菜园。

虽然"一米菜园"的概念很火，但真正能种好的并不多。潮流是潮流，实践归实践，大部分家庭只有一个阳台，想要在光照、土壤都有限制的条件下，种出五花八门的菜来还真是挑战。不过，要是从沙拉菜入手，那可就简单多了。

·浅根

浅根的特质让它们在小花盆里也能生长健壮，是阳台种菜的首选品种。生菜就不用多说了，像马齿苋这样的品种，连黑手指都没问题，不用打理不用锄草，只需要浇点水，就可以蓬勃地长成一大盆。

·生长期短

生长期短，从播种到收获平均40天的期间，让种菜变得短平快。如果爱吃幼叶沙拉，那更是20天左右就能够采摘胜利果实，最典型的代表是樱桃萝卜，它播种后两三天就会发芽，长到两周左右，四五片真叶口味恰好适宜凉拌生食。

·照料起来简单

照料起来很简单，只需要播种、浇水、简单除草，比起部分蔬菜需要移栽、搭架、授粉、疏果的麻烦过程来，真是初学者也可以简单上手，当然，种沙拉菜属于一种容易入门但精通需要耗费大量功夫的事情，慢慢来。

·观赏指数高

观赏指数高，从黄、绿、红到紫的色彩过渡，结球/半结球/长叶/散叶，多种姿态的生菜可供选择，搭配起来就是阳台上一幅绝佳的自然风景画。

相信我，自厨房阳台上采摘入菜的新鲜滋味，真的是一尝难忘，更何况它在健康有机度上有绝对的保障，从此全家的胃口都会被养刁的。

自种沙拉菜，可以吃还可以装饰家居

　　水晶瓶，一把剑兰或是几枝洋桔梗，鲜切花是女主人最爱用的家居装饰道具，但是，一则需要专门购买，二则，常规品种来来回回就是那些，一年四季插下来不腻吗？如果自己种了沙拉菜，或者，可以尝试更有趣的玩法。

　　比如，收获了一大棵紫甘蓝，暂时不要剥去它那些口味不佳却极具观赏性的莲座叶，找个阔口碗把它放上去，这朵气派的紫玫瑰，绝对是上好的餐桌装饰，美完了再吃掉也来得及。

　　或者，错过了最佳采收期的油麦菜，给点耐心，让它抽出挺直的花苔，剪下一枝插在小口花瓶里，无论放在书房还是客厅，都是相当有意境的东方插花。

　　批量收获的欧芹，吃不完打算送给好朋友，之前稍微包装一下，找条粉红丝带把几枝欧芹扎起来，就是一束再美不过的小清新捧花。

　　超市或菜场购买来的成品家常沙拉菜，因为考虑运输与售卖的元素，永远是一副中规中矩的模样，然而，一旦开始种植这些普通的沙拉菜，你就会发现，它们一点都不普通！

蓬松直立
橡叶生菜

——口味嫩脆的绿叶生菜。
——细长尖叶密集丛生。

"妈妈，我要吃匹诺曹生菜"

朋友家儿子5岁，和大部分小男孩一样痛恨所有绿色蔬菜，油菜，不！木耳菜，不！空心菜，不！菠菜，喔，可以来点儿，因为吃了会变大力水手。青椒，坚决不！——因为蜡笔小新最讨厌青椒。

于是，为了帮助这可怜的每顿饭都要和儿子大战三百回合的妈，厨花君给鼻尖橡叶生菜编了个故事："这棵生菜叫匹诺曹，为什么呢，因为它喜欢说谎，一说谎鼻子就会变长，所以你看它的叶子是不是比其他的菜叶要尖很多呀？"

小男生猛点头，对这生菜顿时兴趣横生。三不五时主动要求："妈妈，今天我要吃匹诺曹生菜。"

盛放的株形很有能量

沙拉菜冷知识·抗癌蔬菜不是说说而已

由于城市生活环境的恶化，抗癌蔬菜成为人气品种，有些比较有说服力，有些还有待验证，但生菜可是有明确证据支持的。以橡叶生菜为例，它的莴苣苦素在生菜品种中含量靠前，而这种成分在欧洲国家除被用于制作非麻醉性镇静、镇咳药外，还被证明具有抗癌活性。此外，橡叶生菜中的维生素A、胡萝卜素、叶酸等成分，也都是人体相当需要的。以生食的方式食用，这些成分都会得到最大程度的保留。

茎部 大量呈放射性生长的叶片，让鼻尖橡叶生菜的生长呈现花朵的盛放姿态。

叶片 具有橡叶生菜的典型特征——呈现如同橡树叶般的叶裂，但尖端则细长，能够更充分地吸收光照。

073

一大株格外有收获成就感

适宜种植期：春、夏、秋
种植方式：播种、移栽

播种 在生菜中属于耐热品种，即使在夏天栽种也可以获得不错的收成。

照料 需要的水分较多，比照顾其他生菜更要注意浇水，尽量保持土壤的湿润，但避免积水。

采收 40~50天即可收成，虽然看起来很大一株，但因为叶片有间隙，所以也不用担心收获过多吃不完的问题。

厨花君QA

Q: 我想自己收获鼻尖橡叶的种子，可以吗？

A: 在生菜长成后不要收获，它的内部会抽出挺立的花苔，然后在顶端开出大量小花，花谢后会结种子。但需要提醒的是，作为现代农业培育出来的品种，一般不鼓励自己留种，所以，你收获的种子未必能够和母本有一样的良好表现，试试看喽。

蔬菜沙拉三明治，早餐必选

　　早晨的时间总是不够用，但健康的早餐绝对不能马虎。将大量新鲜生菜夹在烤面包片中间，这算是沙拉还是三明治呢？虽然不能够明确分类，但这种蔬菜沙拉三明治真的是相当符合忙碌的城市人群需求。

　　面包的谷香与生菜的清脆嫩爽，再加进培根或是煎蛋，搭配起来十分味美，而且营养相当全面，制作起来也很方便，前一天晚上把生菜叶洗好后放在冰箱里保鲜储存，早晨起来，把面包片放进面包机烤制，趁着这个空当煎蛋，保证在10分钟内搞定！

有讲究，
沙拉
这样吃！

077

脆甜清爽
圆生菜

——全球最普遍食用的生菜品种。
——口味鲜嫩清甜。

Iceberg lettuce

菜亦有君子品性

　　试过数十种生菜的口味，或苦或甜，或别有芬芳，各有所好。然而若说挑一种生菜能够保证所有人都接受，那答案却几乎是唯一的：结球生菜。全世界产量最大、食用最普遍的生菜品种，它之所以广受欢迎，不在于它有多甜多嫩，而在于它味淡、爽脆，几乎与所有的酱料和食材都可以搭配，如果单独食用，亦不觉寡淡。

　　宠辱不惊，冷静自持，一棵生菜有这样的品性，也算是菜中君子了。

小花盆也可以种出的丰满圆润

沙拉菜冷知识·结球生菜怎么挑？

作为菜场最常见的家常蔬菜，结球生菜相当耐长途储运，而且菜叶紧紧包裹，即使不太新鲜，从外表也很难看出来。如何挑到最新鲜的结球生菜？掂分量：轻的比较好，结球生菜由一层层菜叶组成，不应该很重。掂起来沉沉的，有可能是吸水过多，或是内部已经抽苔变老。看菜头：脑袋摸起来比较脆硬，说明收割时间较短，新鲜度高。

外侧叶 圆形菜心外面会有舒展的莲座形叶，口感不佳，主要起到保护作用，也让它在花盆里看起来比较丰满美观。

菜心 黄绿的菜心被保护在层层莲叶中，由于水分含量高，还略有透明感。圆润的形状很是讨喜。

种植超easy的家常菜

适宜种植期：春秋两季
种植方式：播种、移栽

播种 在湿润的土壤上，均匀地撒播就可以了。

照料 结球生菜主根浅，根须发达，移栽非常容易成活。所以，可以先在小型育苗钵里育苗，然后移栽到大花盆里，这样比较便于管理。

采收 30天左右便可以看到明显结球，在结球后20天左右就要及时采收。

厨花君QA

Q: 为什么我在夏天种的结球生菜，球长得歪歪扭扭？
A: 这是一种特别喜欢凉爽天气的生菜，一旦温度超过25℃，便会出现叶片变小、结球畸形等情况，即使能够正常结球，口味也偏苦，想要味道最正的新鲜食材，就要尊重植物的生长要求哟。

食

多汁爽脆让人久吃不腻

　　结球生菜富含维生素A、维生素C以及钾、铁等微量元素，热量又低，虽然不那么甜，但却以爽脆取胜，新鲜的菜叶在嘴里嚼的时候都能听见清脆之声。想热食也可以，蚝油快炒与涮食都很受欢迎，尽量短的加热时间是保证它口感的秘诀。

沙拉示范

三文鱼生菜沙拉

　　薄薄的三文鱼片，一片煎蛋，给生菜沙拉带来浓郁的滋味又不会过分重口，配合多汁的结球生菜，恰到好处。

蓝莓生菜沙拉

　　蓝莓的清甜与生菜相得益彰，洋葱可视个人需要添加，结球生菜的一大好处就在于足够百搭。

蚝油生菜

　　本身就具有丰富滋味的蚝油，与结球生菜这个最佳配角一拍即合，蚝油生菜也成为所有中餐厅都不太会做走味的常见菜品。

脆嫩过人的
罗马生菜

——酷似小一号的中国白菜。
——黄绿色叶片脆嫩爽口。

此罗马非彼罗马

生菜的命名方式各种各样，颇有一些是根据产地或最盛产这种生菜的城市来的，比如波士顿生菜，但罗马生菜跟罗马城没关系，纯属中文翻译导致的误解。Romaine，特指这一类长叶半结球生菜类型，相对来说，中国台湾地区翻译成罗蔓生菜，倒是不太容易引起误解。当然，也可以根据产地来称呼它，这种生菜原生于希腊的科思岛Cos，所以也被称为科思生菜（Cos lettuce）

Romaine Lettuce

黑罗莎生菜主要食用幼叶，清脆多汁。而成熟的叶片发硬，且苦味较为明显，如果不喜欢这种莴苣苦素特有的味道就会很难接受。

沙拉示范

橄榄菜配罗马生菜

叶片粗长，叶梗明显，但这并不代表着口味粗糙，相反，罗马生菜是所有生菜里脆爽感靠前的品种，正宗的凯撒沙拉一定要使用罗马生菜。简单地洗净撕成片，浇上橄榄菜酱味道也相当鲜脆。

紫薯沙拉

叶片像倒扣的小碗又足够承重，罗马生菜的叶片经常会用于沙拉的承托，扎实的紫薯块正好用它的清淡来解腻。

还可以这样吃

083

跨界蔬菜
穿心莲

——可以作为垂吊型观赏植物栽种。

——一次栽种，多次摘取嫩梢食用。

太阳照耀小玫瑰

穿心莲的名称有点将错就错，作为番杏科露草属的多肉草本植物，它的英文通用名如实翻译应该是"心叶冰花"，但不知为何，在从观赏领域跨界蔬菜领域的时候，误打误撞变成了穿心莲，而真正的穿心莲——爵床科穿心莲属植物，则主要活跃于药物界。

虽然"真假美猴王"很容易辩清，但由于已经约定俗成这样称呼，所以穿心莲也就成为了心叶冰花的俗称，这种叶色青翠闪亮的多肉植物，形态优美，只要光照充足，夏秋季节会开出深红色的小花，美丽耀目，所以在国外也被称为太阳小玫瑰。

但对于我大中华吃货来说，小玫瑰也好，真玫瑰也罢，第一个要问的问题肯定是："好吃吗？"

Heartleaf iceplant

耳目一新的厚叶菜

沙拉菜冷知识·多肉植物也沙拉

在园艺界近年很红的多肉植物，由于个头小巧趣致而格外受欢迎，沙拉界当然也要来掺一脚，有几种植物已经广为接受。最传统的当然是芦荟，清凉多汁、略带酸涩感；新的人气品种则要属景天科风车草属的胧月，俗称"石莲花"，嫩叶可以做沙拉，榨汁饮用也可以。而穿心莲，则要多一道焯水的程序后，再用于制作。

茎部 油光发亮的厚实叶片，令人一看就好有食欲的感觉，轻轻掐一下，就能够充分感受那多汁的特质。

叶片 蔓生的特质，让它作为垂吊植物栽种效果很好；作为蔬菜栽种，则可以铺满整个地面，能够抑制杂草的生长。

植

食赏两用又好种

适宜种植期：春夏两季
种植方式：扦插

播种 像大部分多肉植物一样，只需要一小截肉质茎便可成功繁殖新植株。约10厘米左右，轻轻插在土中，适当浇水，15天左右便生出新根。

照料 除非特别干燥，否则连浇水的基础工作也不用做。

采收 扦插后开始长出5条以上的新枝，便可以掐嫩梢食用。

厨花君QA

Q: 穿心莲的花可以食用吗？
A: 目前没看到有人研究这个，但我亲自证实了一下，吃了并不会死，只是味道有点苦。还是食用嫩梢吧，穿心莲在春夏季的生长非常迅速，种上一两盆就可以每周食用了。

东方沙拉凉拌菜

沙拉这个名词属于近现代的舶来品，但如果以它的制作方式来看的话，中国人的餐桌上从来不缺少沙拉类菜品的存在，比如沾酱菜、凉拌菜，要是摆到西方人的餐桌上，铁定是归入沙拉一类的。比起普通的沙拉制作来，凉拌菜多半多了一道"焯水"的程序，在安全卫生上确实更有好处。当然，这也要视食材的特质而定。至少，对于诸如穿心莲、马齿苋、苋菜这些生食略有苦涩麻口感的食材来说，焯水后会变得更绵软可口。酷热的夏天，一盘清凉酸爽的凉拌菜相当开胃，而酱油、醋、蒜汁等中餐调料的使用，比起蛋黄酱当然是更符合我们的传统口味。

有讲究，
沙拉
这样吃！

087

清凉野蔬
马齿苋

——有超强的自播能力。
——几乎无需照料的野趣蔬菜。

大都会，乡土心

在乡村的田间地头随处可见的野菜，在都市里却几乎消灭了痕迹，但是在一些高级有机餐厅里却能看到这道菜，特意培育出的绿茎马齿苋，的确在口感上有所改进，更为清爽，少掉了野生马齿苋特有的酸涩感。

但，童年时留在记忆里的马齿苋，就是那个酸涩的感觉忘不掉呢。作家汪曾祺有一系列回忆故乡高邮食物的文章，曾提到过马齿苋："祖母每于夏天摘肥嫩的马齿苋晾干，过年时作馅包包子。她是吃长斋的，这种包子只有她一个人吃。我有时从她的盘子里拿一个，蘸了香油吃，挺香。马齿苋有点淡淡的酸味。"

无论身在何处，莫忘乡土初心，虽然，那是种奢侈。

野生多肉当菜吃

沙拉菜冷知识·天然有机马齿苋

　　作为一种田间常见野菜，马齿苋的习性可谓强健，耐贫瘠、耐旱、耐热、耐强光，几乎没有病虫害，可谓天然的有机蔬菜。不过，由于现在大部分农田都存在农药化肥残留、重金属残留的情况，在城市绿地角落里生长的马齿苋，则可能存在尾气吸附污染等情况，所以还是尽量自己在花盆里种几株吧，真的非常非常简单。

叶片　肥厚的叶片是多肉植物共同的特征，能够储存大量水分在干旱季节保证存活下去，也让这种野菜看起来圆润可爱。

茎部　红色的梗是区别原生与选育种马齿苋的重要特征，而这种野菜特有的酸涩也大部分来自于茎干。

一次栽种，多茬采收

适宜种植期：5~10月

种植方式：扦插、播种

播种 马齿苋的种子非常细小，播种时很容易被风吹跑，所以要将土充分浇湿后再撒播。更推荐的方式是采集约10厘米长的野生马齿苋茎条进行扦插，成活率基本百分百。

照料 无需费心照料，如果想收获较为肥美的马齿苋，就要注意保持见干见湿的浇水原则，缺水的马齿苋虽然也能够旺盛生长，但叶片比较瘦小。

采收 采取鲜嫩的茎叶尖端，采收得越多，植株会生长得越繁茂，如果是已经掐不动的枝条，就最好剪掉以便萌生新枝。

厨花君QA

Q: 就种一盆马齿苋够全家人吃吗？

A: 没问题，马齿苋是可以充分密植的蔬菜，它的根浅而小，所以完全可以在一个直径20厘米的普通盆里种上几十棵，这样就能够采收到足够的嫩尖。

淡淡的酸涩亲切爽口

马齿苋具有很高的药用价值，中医一直以来就把它列为食疗的品种之一。它含有去甲肾上腺素，这种成分调整体内的糖代谢，降低血压血糖，此外还含有丰富的胡萝卜素，能够促进溃疡愈合。当然，凉拌时口感非常丰腴，这才是它受欢迎的根本原因。

沙拉示范

凉拌马齿苋

凉拌菜堪称中国人的沙拉，开水焯过放凉，加入简单的酱油、醋，撒上增香的芝麻，一道属于夏日的凉拌马齿苋就完成了。

蒸马齿苋

马齿苋的另一种家常食用方式是与挂上一层薄薄面糊后，蒸熟食用。保留了野菜的清淡口感，又保证了足够热量的摄入。

马齿苋特色馅

中国的面食，馅是一大特色，马齿苋在北方经常被用作包子馅、饼馅，滑润的口感有着别具一格的滋味。

圆头圆脑
樱桃萝卜

——有着少见紫色的樱桃萝卜。
——清脆可口，多汁甘甜。

南京大萝卜，
紫金陵小萝卜

　　在南京读了四年大学，又在那里工作了两年，厨花君对这个城市印象无比美好，南京人有名的自称是"大萝卜"，具体是何释义，各有解释。萝卜是家常菜蔬，但小菜、大宴样样使得，就像憨直质朴、自由乐天的南京人。所以看到这个品种标明为"紫金陵"的樱桃萝卜，就决定务必要种一种。

　　种出来果然是小巧浑圆，少见的紫色让它倍显稀罕，洗了些摆在瓷盘里，配上绿色的萝卜缨，就像一幅中国画。春归秣陵树，人老建康城。

Che

樱桃萝卜缤纷色

赏

沙拉菜冷知识·樱桃萝卜的明星品种

作为一种非常常用的生食蔬菜，樱桃萝卜的商业种植中，有不少明星品种。cherry belle，1949年问世，AAS（全美新品种精选）的得奖品种，小、圆、红的它是樱桃萝卜界的头牌，所以，小萝卜普遍被称为cherry radish。aster egg，多种色彩的小萝卜，以粉、红、白最常见，收获的时候非常壮观。sparkler，最著名的双色品种，上部是红色，底部是白色。这些品种的共同特征是：直径基本上在5厘米以内，口味清甜，收获期短。

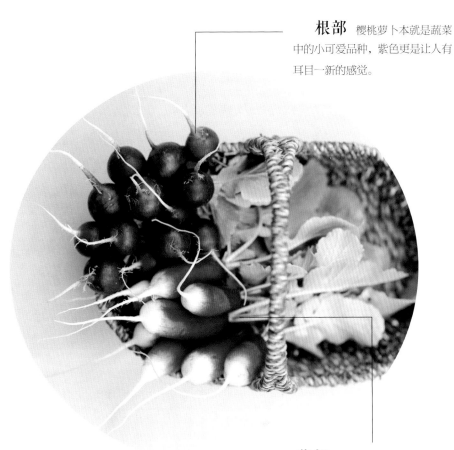

根部 樱桃萝卜本就是蔬菜中的小可爱品种，紫色更是让人有耳目一新的感觉。

茎部 绿色的叶片微微展开，樱桃萝卜的地上茎叶也很有观赏性。

40天就可以从地下挖出惊喜

适宜种植期：春秋两季

种植方式：播种

播种 没有比播种萝卜更简单的事情了，用播种器或手指戳约1厘米深的小洞，丢两三粒种子进去，浇透水。

照料 2~3天即可出苗，在长出一两片真叶后，可以拔除过密的萝卜苗，它们也可以用来做沙拉。

采收 约40~50天便可以收获，如果没把握，可以拂去根部土层，便能够看见膨大的地下根茎。

厨花君QA

Q: 我的樱桃萝卜为什么长得不圆?

A: 樱桃萝卜在生长期间需要足够的阳光和大量水分，这样才能发育充分。此外，土壤板结、气温过高都会让它长得品貌不佳。

小水萝卜脆又甜

咬一口新鲜的樱桃萝卜，就知道什么是春天的味道。多汁、甜、脆，有一点恰到好处的辣味，这点辣味来自它所含有的芥子油，功效是通气消食。樱桃萝卜的维生素C和矿物质含量都很丰富。

沙拉示范

樱桃萝卜切片沙拉

樱桃萝卜切成的薄片，通常用作叶菜沙拉的点缀，但也可以单独食用，配上些点缀的秋葵切片，颇有中国意境。

还可以这样吃

煎樱桃萝卜

樱桃萝卜拍碎，略挂糊，略煎炸，有轻微焦黄即可调味装盘。既保留了脆爽感又滋味丰富。

生食

洗净樱桃萝卜，装盘后作为休闲小食，当时当令的新鲜滋味，胜过许多水果。

反其道的
叶用萝卜

——主要以地上茎叶为食用部分。
——生长迅速，收获周期短。

叶用萝卜

　　萝卜幼苗是一种很常见的芽苗菜，用于沙拉或轻食烹饪，在这样的应用基础上，日本率先培育出以萝卜叶作为主要收获对象的品种，根部退化，只有轻微膨大，而将主要的营养用于生长茎叶，收获期也大大缩短。比起需要一定热量和光照才能生长的普通萝卜，叶用萝卜的要求低多了，所以，即使在只有零上几度的季节也可以种植。

Leaf Radish

萝卜叶的维生素含量比肉质根高，其他成分则与萝卜类似，在口味上，一脉相承的淡淡苦辣很明显，反而在甜度上不如萝卜。至于不够充分膨大的肉质根，仍然可以一并食用。

沙拉示范

樱桃萝卜配萝卜叶沙拉

淡粉的茎配嫩绿的叶片，比普通萝卜缨具有更强的观赏性，即使是比较大的成熟叶片，也可以作为沙拉材料。

叶用萝卜杂菜沙拉

生菜沙拉通常淡而甜，但偶尔也可以来个重口搭配。洋葱+叶用萝卜，配咸鲜的橄榄菜调汁。

还可以这样吃

清淡柔和
虾夷葱

——多年生易于打理。
——细长葱叶剪碎后属于百搭调料。

太太，花园里要种几丛葱

前同事小艾跟先生目前居住在伦敦，养育小朋友之余也打算种植些花草——无他，大英帝国的园艺氛围太浓烈，谁家的前庭后院若是不花草繁茂着实颜面无光。前一年秋天整理庭园，挖出几大坨小球形根茎，不知为何物当作垃圾丢弃，隔壁识货的白人老太太看见后叹息不已，转年小艾的园艺学习终于进入了"葱"这一章，回想去年情形，扼腕不已，原来，那几坨就是已生长经年的虾夷葱，算是房东赠礼之一。无奈，她只好从头再来。

虾夷葱，又称西洋细葱，自维多利亚时代起就是厨房花园（Kitchen Garden）里的常客，相较于其他的葱，它长相秀气，细长的叶子呈丛生状，葱白短，绿色部分长。口味清淡柔和，是沙拉、鱼类菜式以及土豆泥的好伴侣，除了作为食材，它也是一种常见的园艺植物，春夏之交开出粉紫色的葱花，是的，花也可以吃。

精致优雅的丛生香草

赏

沙拉菜冷知识·外国人如何称呼各种葱

　　葱的种类非常多，虽然大致风味相似，但在讲究口味的美食家看来，什么菜式用什么葱，那是一点都不能错，比如，蔬菜沙拉里要是撒几片山东大葱叶，那就没法吃了。虾夷葱=chives，中餐里的香葱=scallion，山东大葱= green onion，青蒜= leek，洋葱= onion，小红洋葱头=shallot，此外，要是听到外国人提起Chinese chive，那通常情况下是指韭菜。

　　虾夷葱的根部呈现绿紫色，葱白很短。细长的绿色葱管线条相当优美，将两或三叶葱管交叉摆放，是大厨常用的摆盘造型手法。

　　由于葱管幼细，切碎的虾夷葱圆润细碎，无论是撒于汤面、点缀在沙拉上、撒在肉食上，嫩绿色都非常养眼开胃。

一年种植，多年享用

适宜种植期：春秋两季
种植方式：移栽、分株和播种

播种 黑色的虾夷葱种，不同于普通的圆滚滚的菜种，而是呈现较为单薄的片状。在花盆中播种，要求土壤保水性较强，撒播后盖上薄薄一层土即可，在出苗前都要保持土壤湿润。

照料 大约1周左右便会看到细如针状的葱苗出土，待到长出两至三片葱叶时便可定植。要注意，小葱苗根部较为幼细，在移栽的时候不要硬拔，可以将盆浸在水中，待根部土自动散发后将苗取出。

采收 虾夷葱的收获方式是剪取绿色的葱叶食用，当它的葱叶数量有10余叶后，便可以适量收获，只要保证水肥，根部会源源不断发出新的茎叶。

厨花君QA

Q: 虾夷葱在夏天枯萎了怎么办？
A: 过于炎热的气候下植物会启动自我保护，剪去枯萎的部分，如果有条件，稍微对它进行遮阴，等于进入凉爽的秋季，它会自动恢复旺盛生长的。

香草沙拉小清新

香草作为一种特殊的沙拉用料，主要起到的是装饰和调节口味的作用，以这个炸薯块配虾夷葱沙拉为例，焦香的炸薯块可以作为主食来食用，撒上一撮切碎的新鲜虾夷葱，香调更为丰富，而且葱叶还有解腻的作用。

大部分香草因为具有味道浓烈，在沙拉中起到的都是画龙点睛的作用，比如迷迭香、百里香、罗勒、薄荷等皆是如此，无论是与其他蔬菜食材混合，或是与肉类搭配，只需要放几茎或是一撮，就足可以丰富整盘沙拉的风味。

有讲究，
沙拉
这样吃！

中式摆盘
欧洲香芹

——具有提神的独特药香。
——喜欢湿润气候的盆栽蔬菜。

Parsley

欧洲人的芫荽

　　细碎而油绿的叶片，让欧芹具有远超其他蔬菜的颜值——一束扎绑好的欧芹，远远看起来更像是绿色的玫瑰而非一捆菜。但在厨房里，厨师对它的依赖度可是远高过玫瑰，它就像中国人常用的芫荽一般，有着在调料与蔬菜间摇摆不定的特殊位置。

　　欧芹有独特的药香风味，也确实有很好的食疗价值，它利尿、开胃、帮助消化，所以，无论是做什么菜，大厨都喜欢撒一把切碎的欧芹在上面。即使在中餐馆也有很多厨师喜欢这么做，但是，后者通常只有装饰作用，整枝掐下的完整欧芹既难以食用，风味也得不到充分发挥。

　　如果真的想吃下这些欧芹，记住：切碎它。

parsley这个名称源自于petros（石头），因为它的原产地是地中海地区遍布碎石的环境。经过多年人工培育，欧芹也有了丰富的品种，最常用的是皱叶品种，因为其观赏性更强。欧芹在夏季会开出黄色的花朵。

沙拉示范

红芡实沙拉配欧芹

"江南水八鲜"之一的芡实，俗称鸡头米，口感糯而弹，气味平和中正，借欧芹的药草风味来调和，层次更为丰富。

欧芹药饮

外国人也有民间验方！欧芹煮水饮用可以洗肾，但医生们的意见是，欧芹富含钾反而加重了肾的负担，不过它的利尿作用很强，如果是水肿体质可以尝试这样喝。

家常派花
青素食材

——口味甘甜爽脆。
——最易获得的配色蔬菜。

Red cabbage

接到一棵紫甘蓝！

前年好朋友去加拿大参加表妹婚礼，千里迢迢带回来一棵紫甘蓝，万般宝贝地供在化妆台上，不舍得吃也不舍得扔，直到水灵的紫甘蓝变成枯萎的黄甘蓝，她找了个小筐装起来，索性当成了干花装饰！

这棵甘蓝有什么魔力呢？

一年后，好友变成准新娘，这才揭晓答案。原来，当日婚礼，新娘子结婚抛花球，恨嫁好友硬是挤过一群人高马大的白人女孩，抢下这分量不轻的一捧花球，仔细一看，主材是棵紫甘蓝。

"看在你是我最好朋友的份上，这棵幸运紫甘蓝送给你吧！"

"呸，我自己会种。"

脆、甜、美，三者兼备

沙拉菜冷知识·紫甘蓝的养成

当春天种下一棵舒展着几片真叶的紫甘蓝苗时，真的很难想象到它如何能长成一个圆球，但自然是很神奇的，在长出约20片普通的长柄叶子后，再生长出的叶片叶柄会慢慢变短，自动向内卷曲，互相包裹，形成一个小球，慢慢长大。而在这个过程中，外围的普通长柄叶会变得粗老，紫色也逐渐褪掉，所有的养分都用于中心的紫甘蓝球，所以它才会如此味美。

外侧叶 长柄的叶片会长得又大又厚实，张开的形态也相当充分，配着中心的甘蓝球，就像花朵中心承托着明珠。

内侧球 紫色的甘蓝球颜色浓艳，形态匀称，在花园里让人一眼就能注意到它。

非常有成就感的种植过程

适宜种植期：春季
种植方式：播种、移栽

播种 甘蓝种子具有典型的十字花科蔬菜特征，采取穴播的方式，每穴2~3粒种子，播后浇足水。

照料 2周左右，紫甘蓝苗会长出3~4片真叶，这时候要进行一次移植，因为植株为大棵，要种在深度超过40厘米的花盆里或地植。

采收 3个月左右可以收成，自己种植的甘蓝菜通常会比较小，比成人拳头略大，但是滋味会更足。

厨花君QA

Q: 紫甘蓝菜上怎么有那么多大青虫？
A: 菜粉蝶最喜欢十字花科蔬菜，而紫甘蓝的生长期恰逢它的活跃期，所以很容易招菜青虫，发现后需要一条条捕捉，也可以采取用纱网罩住花盆的方式来预防。

嚼起来能听见咔咔脆响

紫甘蓝叶片肥厚，硬度在叶用蔬菜里居于前列，切成细丝后嚼起来非常过瘾，爽脆可口。紫甘蓝营养价值颇高，富含胡萝卜素、钙、钾和纤维素，更应称道的是它还富含原花青素和异硫氰酸盐，是著名的抗衰抗癌蔬菜。

沙拉示范

玫瑰沙拉

以青瓜切段作为底座，将紫甘蓝用热水快焯后切碎，摆放于青瓜段上，犹如紫色玫瑰盛放在沙拉盘间，再点缀调配好的紫色酱汁，悦目悦舌。

还可以这样吃

彩虹素食三明治

橙色的胡萝卜、紫色的甘蓝菜，再配上一种绿叶菜，便有着彩虹般的斑斓效果，而且这些清新的菜蔬与全麦面包配起来，口味也很上乘。

中式炝炒

虽然大部分时候是生食，但紫甘蓝亦可切片炝炒，与常见的绿色甘蓝也就是圆白菜同样做法，味道也很美妙。友情提醒：紫甘蓝加热后颜色会变成灰蓝，略影响食欲。

109

高大上
紫菊苣

——大小适中的个头易于摆盘造型。
——红白相间的叶片很有识别度。

菊苣vs紫甘蓝

　　这两种蔬菜经常被当成对照组，都是球形，颜色都是紫红的，营养也都很丰富，以至于有人傻傻分不清楚。其实，两者看似相像，差别却很大。菊苣是菊科菊苣属，紫甘蓝是十字花科芸薹属，差着好远，连远亲都算不上。相反，菊苣和苦菊却是"一家人"，在口味上也更相似，都是苦中带清香，占着一个脆嫩爽。

红菊苣的叶子可以生吃，但烤着吃会更有风味。此外，作为沙拉摆盘的造型利器，它的碗状叶片可是用途超广。富含叶酸是红菊苣的一大特色，当然，共中钾和维生素C的含量也很丰富。

食

沙拉示范

薰鱼配红菊苣沙拉

口味咸鲜的薰鱼，配清甜的红菊苣相当适宜。将菊苣作为小碗来盛装鱼肉，也是很有趣的摆盘方式。

还可以这样吃

烤红菊苣

高温烤制后，红菊苣的叶片甜度大大增加了，口感也变得绵软诱人。而形如花朵，色若朝霞，也让它有别具一格的魅力。

本土化最彻底
的油麦菜

——适应多种中式烹饪方式。
——细长剑叶，株形优雅。

洋为中用好典型

从小吃到大的油麦菜，原来和罗马生菜、奶油生菜、罗莎生菜这些洋品种是"一家人"，确实每一个听到我提示这个真相的朋友都表示："万万没想到。"

原产于地中海沿岸，在魏晋南北朝时期已传入中国的油麦菜，早已褪去洋气，真正融入了我们的生活，成为再家常不过的蔬菜品种，以至于在罗列生菜的时候，我们很少把它算在内。可是转念一想，麻酱沾油麦菜这道餐厅最常见的菜，不就是一种典型的沙拉吃法吗？它和千岛汁配结球生菜有什么区别？

当然，降低了这个经典吃法外，油麦菜也发展出了各种适应中式烹饪方式的吃法，蒜茸也好，鲮鱼炒也好，都不在话下。能够既保留本色，又真正贴近中国老百姓的生活，油麦菜应该也算是少见的榜样蔬菜了吧。

紫色的卷曲长叶另有新意

沙拉菜冷知识·北京的油麦菜，台湾的A菜

　　由于语言及文化传统的差异，同一种菜在不同的地区经常会有完全大相径庭的称呼，比如，在台湾普遍食用的A菜，和在北京特别常见的油麦菜，假如不亲自去尝尝，你能想到是一种东西吗？关于A菜名字的由来，说法不一。但比较被认可的一种是，因为播种收获容易，台湾地区的农人会把油麦菜切碎用来喂鹅，所以叫鹅仔菜，鹅的读音近A，后来在餐厅中便被称化成了A菜，就此流传。

茎部　株形优雅，如一束小巧简洁的捧花，特别是多株同植的时候更有观赏性。

叶片　略微卷曲，阳光照到的地方便会泛紫、绿中带紫，让这种油麦菜不同于普通的全绿品种。

直立株形可以作为
镶边蔬菜

适宜种植期：春秋两季
种植方式：播种

播种 长期以来已适应北方气候，露天播种也有很高的发芽率。

照料 只需要保持定期浇水和足够的光照，便不愁丰收。

采收 约20天后便可以拔嫩叶食用，在40~50天达到最佳口感期，过期会变粗变苦。

厨花君QA

Q: 油麦菜为什么那么像莴苣？

A: 因为它们本就是亲缘非常相近的品种啊，留几株油麦菜让它自由生长，大约60天就会看到油麦菜的茎部开始轻微膨大，最后会长成一根很细的小莴苣——也是可以吃的，就是处理起来麻烦些。亲自种菜的乐趣就在于，在让植物自由生长的过程中，你会发现很多意想不到的乐趣。

单一沙拉，中国配方

西餐中的单一沙拉，指的是以一种食材作为主要用料，这种食材可以是某种生菜或某种肉类，但多少会加入一些点缀或调料。比如香草沙拉，其实大部分时候是归入单一沙拉的，因为香草基本是作为调味料存在。以这个标准来看，其实在中餐里，沙拉早就默默地占据了一席之地，比如：你有没有吃过麻酱油麦菜这道菜？

如果要在生菜里挑一个本土普及度最高的，油麦菜至少应该排入三甲。闷热的夏天不想吃饭，一盘还沾着水珠的青翠油麦菜端来，再配上一小碗香味扑鼻的麻酱，胃口立刻开了。它清甜爽脆，一点点生菜的苦恰好解暑。

有讲究，
沙拉
这样吃！

115

别具清凉芬芳的菊花脑

——习性强健，无需照料。
——可以多次采收嫩尖食用。

"一口白饭一口草"

"南京人不识好，一口白饭一口草"，说的是南京人对野菜的爱。一到三四月，讲究吃"七头一脑"，要尝的就是那点掐尖的鲜，虽是抢着尝鲜，透着的却仍是一种"心安茅屋稳，性定菜根香"的闲淡。其中的"脑"，说的就是菊花脑，即特定的野菊花变种的嫩尖。菊花脑气味清香异常，是这座城市标志性的地方风物。

菊花脑通常用于烧汤，什么配料也不用放，只需打个蛋花进去，嚼起来口感确实像草，有点粗糙，但那个清凉的口感值得一尝。一口碧绿的汤喝下去，全身通透，夏季最解暑热，那一点自心底透出的回甘，难以形容。

野菊叶清香盈袖

叶片　带有锯齿边缘的尖卵形叶片，与园艺栽培的观赏菊花略有不同，更为蓬勃自然。

茎部　菊花脑习性强健，墙边地头都可以自行健旺生长繁殖，春夏采食嫩尖，秋季还可以观赏小黄菊。

117

植

随手掐出盘中菜

适宜种植期：春秋两季

种植方式：分株（春）、播种、扦插、移栽
（秋）

播种 繁殖形式多样，最常用的是分株，春天未萌发嫩芽时最为适宜。秋天则可以进行扦插。

照料 确定成活后非常好照料，如果是露天栽种无需照管，阳台种植则定期浇水即可。

采收 植株长至30厘米高有若干分枝时便可采收尖梢，越采萌生得越旺。秋天还会开出美丽的黄色小菊。

厨花君QA

Q: 怎么确定我买来的这种野菊花是不是菊花脑？

A: 菊花脑属于野菊花的近缘变种，野菊花有多个变种，在品种的辨别上需要专业知识，保险的方法是购买专业种植者提供的菊花脑种根、种苗。

清香、清凉，风味一食难忘

午尝菊花脑很多人会不习惯，但一旦在夏日里吃过几回，就很难再忘记这种清香、清凉的滋味，淡淡的菊香，略有刺激感的凉味来自它所含有的挥发性芳香成分。无论是凉拌、清炒都可以，当然，最普遍的还是烧汤。

沙拉示范

凉拌菊花脑

普通做法是滚水略加盐，放入菊花脑快速焯一下，挤干水分后依个人口味调制。如果想要格外享受菊花脑的天然口感，焯的时间可以极短，只在热水里过一下即可。

还可以这样吃

菊花脑蛋汤

水烧开后放入菊花脑，加入搅匀的鸡蛋液，为了增香可以加少许麻油，关火前加盐，便是一碗最经典的江南菊花脑蛋汤。

中式快炒

菊花脑也可以当作普通叶菜，下锅快炒，不过因为它毕竟是未经改良的野菜品种，纤维较粗，口感可能略微粗糙。

容易吃
不代表容易种

虽然说每个菜场和超市都能买到这些家常沙拉菜，但当种植起来的时候，你会发现，咦，为什么还有这么多问题？

问题一：明明是当令蔬菜，为什么我播的却没有发芽？

没错，在这一部分我们所提到的蔬菜，现代农业基本都实现了四季供应，但，这不代表你在自家阳台上也可以无时差种植。以沙拉菜中最主要的类别生菜为例，绝大多数生菜都遵守了它们从原生品种祖宗那里继承来的原则：在凉爽的春秋季才会良好生长， 日均气温超过25℃就会发芽困难。

为什么超市可以四季都有？——因为规模农业生产可以通过各项措施人为制造适宜生长的环境条件，你在家里的阳台上显然做不到。

问题二：品相不尽如人意怎么办？

其实这个问题的答案依然要从个体种植和规模农业生产的差异上去寻找。以紫甘蓝为例，这种蔬菜的结球需要充足的阳光和养分，但在花盆里种植，即使是足够大的花盆，阳台最好的位置，也难以满足需求，所以通常自己种的甘蓝都会长得很小——但口味没有影响。

另外就是自己种的菜肯定是纯有机方式，一棵完美的但可能存在农残的生菜，和一棵有缺损的但绝对有机的生菜，你选哪一个？我相信，滋味肯定是后者更美妙。

问题三：这么多年，我已经吃腻了它们，怎么办？

你看，中华民族食用水稻已经有好几千年的历史，仍然有那么多人孜孜以求，只为一碗真正好滋味的白米饭。这些被冠以"家常"的沙拉菜，其实有大量不家常的吃法。改变一下思路立刻就有大不同。比如，总是把小葱（虾夷葱）切碎调味？试试把整株虾夷葱放到盘子里。紫甘蓝吃腻了？把它和胡萝卜、橡叶生菜合在一起变成彩虹生菜一定能够刺激胃口。结球生菜没新鲜感？不要把它当食材，把它当成食材的小碗怎么样？

只有不会吃的人，没有不好吃的食材。

第四章

彩虹沙拉菜

沙拉菜不开花不结果颜色单调？当然不，沙拉菜有着足够丰富的颜色、株形，只要精心搭配，种出一座彩虹花园来没问题，而且，就在你家的花盆里。

当然，想种出完全彩虹色那是对自然宣战，你见过蓝色的蔬菜吗？绿色、红色、紫色，加进明亮的黄色，就很有彩虹的感觉了。前三种颜色有丰富的生菜品种可供选择，而明亮的黄色则多见于花朵，比如旱金莲，或者专门种一排万寿菊也可以。这种闻起来味道不怎么样的黄花植物，是有机种植里经常用到的驱虫植物，它散发的味道能够帮助你的生菜更好地躲开昆虫的侵害——用专业术语来说，这就是companion planting，结伴种植的两种植物，A对B的风味大有促进，B能够帮助A预防害虫。

不仅要种出彩虹，更要吃到彩虹。

有着鲜艳橙色的胡萝卜值得选择，如果没有庭院只能用花盆种植，那么，迷你型的手指胡萝卜很不错。它也是一种很典型的沙拉菜，与绿色的苦苣、黄绿的罗马生菜、紫色的橡叶生菜共同摆盘，彩虹就在你的刀叉下盛开。

如果对于彩虹是否要规律地呈条型分布不是那么讲究，那这件事情就更简单了。在播种的时候可以将不同品种混杂撒播，等着看你的彩虹菜园慢慢成长就行了。

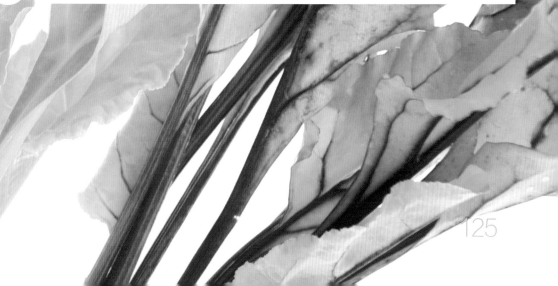

Chapter.03

10分钟，
彩虹沙拉菜园简单分类

为了简洁明了地规划好彩虹沙拉花园，对主流品种的颜色、形态有一个基本的了解很有必要。

· **色彩：从黄绿到深紫黑，都有大量选择**

黄绿色：非常清新的色调，结球生菜品种比如波士顿生菜就是典型的黄绿色，苦苣也有特别的颜色娇嫩的品种，不求多，但求色彩纯正亮眼。

绿色：主流颜色，但是深浅程度也会有区别。如果能按照规律排列，单是绿色沙拉菜都可以排出一道美丽的风景。比如，白绿相间的京水菜、具有鲜亮绿色的鼻尖橡叶生菜、浓绿的芝麻菜、深绿的欧芹，这几个品种的绿就很有递进关系。

红色：以red开头的品种有很多，但要注意很大一部分其实是偏向紫色的。推荐红色蒲公英、叶用萝卜和紫衣芥菜。前两者都有粉红色的茎，颜色很出挑。紫衣芥菜的颜色会因为光线在绿紫之间变动，也属于比较奇妙的品种。

紫色：可供选择的余地最大，首选罗莎生菜，叶片顶端大量细碎的紫色波浪形皱褶，在阳光照晒下有着难以言喻的美感。另外，黑木耳生菜或紫直立生菜也是一种个性的选择，它们近乎紫黑的颜色非常罕见。

· **株形：恰当的株形能够让彩虹队列更壮观**

结球生菜：不仅仅是一个圆球状，外面还会有一圈平行伸展的莲座叶，务必要给它们留出充足的生长空间。

半结球生菜：大朵的株形颇具观赏性，同样，也需要一定的生长空间，否则会展示不同最美妙的生长形态。

散叶生菜：可以略微压缩一下生长空间，它的叶片之间距离较为松散，有一定的弹性。

羽衣甘蓝类：高而健硕，叶片略为向上平行伸展，适宜在中心栽种。

大叶香草：通常植株高大，株形舒展，而且具有一定的驱虫作用，适宜作为分隔植物或在边缘种植。

来点新意思

鲜花沙拉，颜值爆棚

沙拉菜已经很美，但，如果看到鲜花沙拉，尖叫声会变得更大。想想看，一朵金黄的南瓜花，一小撮艳蓝的矢车菊花瓣，橙红明亮的旱金莲花朵，像蓝色星星一样的琉璃苣……

Edible flower，可食花朵。一直是很多高级餐厅大厨致力钻研的门类，就像中国人钻研红楼宴一样，皆因以花朵作为食材，内外出彩。这一类颜值爆棚的鲜花沙拉，虽然受到产量限制，不可能成为大众食材，却是概念餐厅里必不可少的个性菜品，也是各位美食博客的心头好。

虽然购买不易，但要是亲自种植，这些花朵食材就能够不间断地收获一个春夏，看看在你的沙拉花园里，可以种哪些？

芝麻菜花：在夏季高温之下，芝麻菜叶片迅速老化发苦，不过，它又开始贡献另一种食材了，芝麻菜花。同样具有异样的芝麻香，味道略带芥末感，非常提神醒脑。除了沙拉食用外，用它来浸泡橄榄油作成调味汁也是很流行的。不同的品种可能开出不同的颜色，意大利芝麻菜开小黄花，而板叶芝麻菜则开棕紫色的花朵。

三色堇：因为花朵大而圆又通常有三种颜色略似猫脸而得名，是很常见的草花品种，既能够装饰沙拉花园，又是一种好食材。花朵味道酸甜、清新，个别品种略带一点薄荷的凉辣感，加上漂亮的色彩，最适合在夏季用来烹饪一两道醒目的小食。

旱金莲：叶、花、果皆可食用的香草食材，开漂亮的橙、红、黄色花朵，略带辛辣的味道独树一帜，用于沙拉及甜品的点缀，做冰饮也很不错。作为香草界的一员，它具有少见的宽大叶片，能够有效扩大影响力范围。而且，藤蔓特质使它可以居于菜箱一角，这样，既起到卫兵作用又少占地儿。

矢车菊：花色有粉红、粉蓝、紫和蓝色，充分展现了自然女神对色系的微妙使用。把它的锯齿形花瓣一片片揪下来，放进沙拉里即可。味道清新，在沙拉里使用通常是更偏重于色彩的点缀。

脆嫩爽口
是苦苣

——茎叶细碎蓬松，株形如花。
——脆爽多汁，最宜生食。

捧进厨房的绿玫瑰

每逢情人节或七夕，朋友
圈内，单身狗晒凄凉，恋爱中人
晒甜蜜，而已婚熟女们通常则表
示，玫瑰又贵又不实用，"要啥
自行车啊"。

我相信那不是她们最内心
的声音，哪怕玫瑰在情人节价格
昂贵，如果先生回家的时候捧一
束，那还是会让夜晚的幸福度加
倍的。不过，我觉得更两全其美
的解决方案是，买几棵新鲜的苦
苣，像玫瑰那样包装起来，捧进
厨房。

"太太，你看，这是祝你
情人节快乐的绿玫瑰，你欣赏
完了，我们晚餐把它吃掉好
不好？"

形状舒展的大棵蔬菜

叶 小碎花图案优雅迷人，苦苣则用细碎的叶裂和大量叶片制造了同样的美感。

整株 形状舒展，整株苦苣沿着中心部呈放射性生长，看起来如同一朵巨大的花。

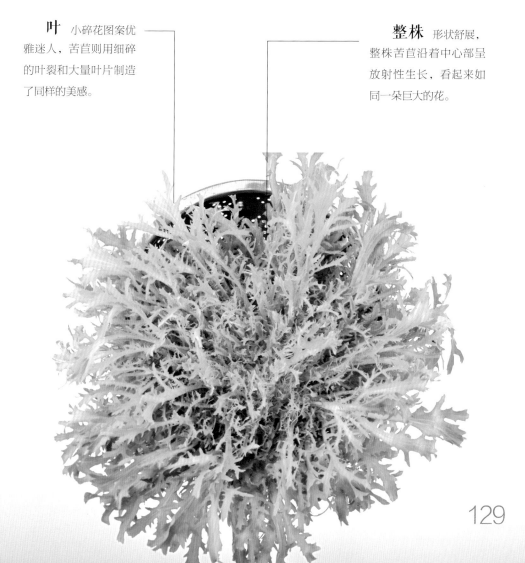

易于培植，生长迅速

适宜种植期：春秋两季

种植方式：播种

播种 种子小而轻，撒播的时候需要格外当心。不过，灰白色与土壤对比明显，所以很容易观测播种效果。

照料 大约5~8天发芽，幼苗的叶片已经有明显的卷曲和裂片，非常容易识别。苦苣幼苗经过移栽定植，会生长更迅速。

采收 大约50天后可逐步采收，通常整株收获，不过，家庭种植也可以只采集叶片，苦苣的根部具有很强的再次萌生能力。

厨花君QA

Q： 为什么我家的苦苣越长越高挑细长，不像超市里的苦苣是一大朵？

A： 充足的光照和合理株距是两大要点，保证光照叶片才会更多地萌生发育，而叶片的延展需要生长空间，阳台种植，建议一个花盆里只保留一株健壮的苦苣幼苗。

苦苣香是一种特别的滋味

　　细碎的叶片咀嚼起来很有愉悦感，而由于所含化学物质的细微区别，和其他生菜比起来，苦苣有着格外的清香，多汁、脆嫩、甘甜，特别是靠近菜心比较嫩黄的那部分叶片，一株生菜所被要求的好品质它都具有了。

沙拉示范

苦苣酸奶沙拉

　　洗净的苦苣叶片与酸奶混合，口味酸甜清爽，无论是直接食用或是作为面包片的佐食，滋味都相当不错。

还可以这样吃

杂菜沙拉

　　多种生菜混合，配千岛汁，是最简单便捷的沙拉做法，苦苣以它脆嫩的口感，很容易脱颖而出。

烫苦苣

　　按照中国人的食用习惯，苦苣用热水氽烫后，变得绵软清淡，蘸海鲜汁食用又是另一种感受。

有着黄金色泽
的苦苣品种

——超级卷曲的叶片有高美感度。
——口感更为脆甜。

来一条金黄
蕾丝花边

　　虽然颜值对于蔬菜来说并不是最重要的事情，但在好吃的基础上，能够加一条"好看"的属性，又何乐而不为呢？皇帝苦苣作为一种越来越受欢迎的品种，这两条都做得不错。口感进一步有了提升，苦味几乎感受不到，更为清甜脆爽。外形上，它的叶片卷曲度惊人，看起来像条漂亮的蕾丝花边，即使今天不想吃它，也想放一两条在沙拉盘里做装饰。

皇帝苦苣vs苦苣

　　和普通苦苣比起来，明显能够感受到皇帝苦苣的叶梗更长，叶裂大致相当，但明显的卷曲让它的叶片看起来更美观了。叶色上，苦苣外层为深绿，向内渐渐变浅，叶芯部分呈嫩黄色。而皇帝苦苣则是全株都呈现鲜嫩的黄色。

沙拉示范

牛油果苦苣沙拉

　　以青瓜的奶黄、牛油果的淡黄、紫龙舌的深绿，配上皇帝苦苣的金黄，形成有层次感的绿叶沙拉。

还可以这样吃

中式涮食

　　苦苣亦可以作为火锅配菜，在热汤中略涮即可食用，热食亦能够保留鲜嫩的口感。

可口有趣
小胡萝卜

——迷你size最得孩子们喜欢。
——营养与普通胡萝卜并无二致。

"我是真的"

关于迷你胡萝卜有一段公案，很多有机种植的文章，在它的名字baby carrot前面，一定要加个定语：ture。

为何非要如此？原来，市面上大批出售的标准包装迷你胡萝卜，大部分是由普通胡萝卜切割而来，1989年，美国农场主Mike Yurosek发明了一种新玩法，将折损的胡萝卜切成5厘米左右，削瘦，然后以"baby carrots"之名出售，倒也颇受欢迎。然而，这就使得真正育种而来的迷你胡萝卜很不开心，大部分有机种植者为了强调这件事情，都会将胡萝卜顶端的叶片保留，以示与切割产品划清界线——无论口味如何类似，事情的真相最重要。

"我是真的，我是真的，我是真的"，重要的事情说三遍。

Baby carrot

可爱如玩具的食材

沙拉菜冷知识·手指蔬菜

在蔬菜界有一个很有趣的类别：手指蔬菜。以手指大小的胡萝卜为代表，还包括手指黄瓜、迷你茄子等，它们的营养价值与普通品种相同，在口感上则因为形体的改变而略有区别。最早培育出迷你胡萝卜的园艺业者来自著名的荷兰Bejo公司，这家公司的杰作还包括各种彩色胡萝卜。

绿色茎部 迷你胡萝卜的叶片也较普通胡萝卜细小，但却会长到很高，看起来有种柔弱感。

根 部 如果没有对比物，其实很难感受到迷你胡萝卜的趣致，但一旦装在盘中，就会让人觉得："哇，好想吃掉这些小家伙！"

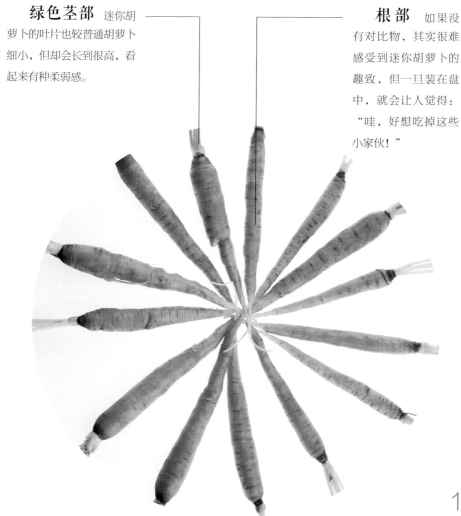

135

植

能够迅速收获的亲子蔬菜

适宜种植期：春秋两季
种植方式：播种

播种 胡萝卜种子又小又轻，在播种之前需要先将土壤浇透，然后均匀按行撒种，在花盆中只需要撒得均匀就可以。由于体形很小，不像普通胡萝卜那样需要很深的盆，普通花盆也可种植。

照料 发芽后保持少量浇水的节奏，充足的日照也很重要，不然，胡萝卜会不够脆甜。

采收 大约40天后便可以尝试收获，因为土、肥、水、光的原因，迷你胡萝卜会长相各异，这也让收获倍加有趣。

厨花君QA

Q: 为什么我的胡萝卜歪歪扭扭？
A: 胡萝卜的根发育期间，如果遇到土里有硬物，便会有适应性的生长改变，比如，长成分叉胡萝卜或是歪胡萝卜。别过虑，这不也是件很好玩的事情吗？如果想要所有胡萝卜都笔直，在种植前认真筛掉土里的大颗粒就好。

儿童沙拉，营养健康

和做其他儿童食物一样，为孩子制作沙拉，首先要考虑的是营养健康，必须要低盐低糖轻烹饪，然后就不得不考虑"如何让孩子爱吃"，很多家长为了让小朋友多吃蔬菜真是化尽了心思。其实，小朋友喜欢吃什么食物，有时候跟口感无关，好不好玩才是重要的。与其一本正经地要求他吃这个吃那个，不如想想如何让食物变得更有趣。像这道胡萝卜儿童沙拉，将迷你胡萝卜切块，装在小碗中，再配上小兔子，就会格外招人食欲。为了丰富口味，还可以加入色彩缤纷的各种水果块。

有讲究，
沙拉
这样吃！

叶形优雅的
橡叶生菜

——约40天即可收获的速生蔬菜。
——别具特色的橡叶形菜叶。

一株菜背负的光环

为什么园艺学者要辛苦培育出一种形如橡叶的生菜——这对它的口味又不能有多大改变，还不是一株菜？那是因为橡树的地位太过特殊了呀。

在某种意义上来说，橡树之于欧洲人，犹如菩提树之于东方人，具有相当的宗教意味。众神之王宙斯在圣地Dodona的一棵橡树下聆听众生的心声，而风拂过橡树叶的沙沙声，则被认为是神对世人祷愿的回应。而在历史的演变中，橡树叶除了神性外，又多了世俗的荣光，它被认为代表了勇敢、责任与荣誉。在欧洲许多重要的家族徽章、勋章上，都有橡树叶的图案。

所以，形如橡叶的生菜品种在被培育出来后便受到了相当的欢迎，在寻常三餐中也许人们并没有那么强烈的认知，但这株看似普通的生菜背后，却确实笼罩着需要细细品味的光环。

清淡爽口的叶用沙拉菜

沙拉菜冷知识 · 橡叶生菜的超短保鲜期

紫橡叶生菜长在花盆或菜地里的时候非常漂亮，优雅的叶形，盛放的株形，有着花朵般的风姿，新鲜的橡叶生菜吃起来非常清脆爽口，但特别要注意的是，这种菜的保鲜期真的是超短，一般来说，如果没有特别做保鲜措施，12小时就是它的保存极限，橡叶生菜会很快打蔫，失去大部分营养价值。所以，在采收下来以后，要迅速冷藏并且放在隔绝光照的包装中，这样才能够维持2~3天的新鲜度。

叶端 叶裂深而明显，尖端圆润，与橡树叶非常类似，这也是它得名的来源。

叶色 橡叶生菜从绿到紫，有多种颜色的变化，当在花园里混杂种植的时候，会获得层次协调的生菜彩虹带。

植

生长迅速，种植简单

适宜种植期：春秋两季
种植方式：播种

播种 黑色的尖形种，均匀地撒播在湿润的种植土上就可以，略覆盖一层薄土即可。

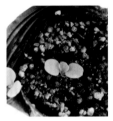

照料 3~4天后便能够看到生菜发芽，圆形小绿芽非常显眼，生长也相当迅速。

采收 叶片长到10~15厘米便可以采收，紫橡叶生菜主要食用幼叶，口感更佳。

厨花君QA

Q: 为什么我在夏天播种的紫橡叶生菜一颗也没有发芽？
A: 在高温环境下，生菜的种子会进入休眠，发芽很困难，也许在秋天你会发现不知不觉中有一盆小生菜在成长。记住，在凉爽的季节里种植它们。

味淡多汁，最宜生食

　　莴笋类生菜通常具有的淡淡苦味，在紫橡叶生菜身上表现很不明显，细细品味，更能感受的是清爽脆甜的感觉，新鲜的紫橡叶生菜多汁爽口，是混合沙拉最好用的基本食材之一。

沙拉示范

紫橡叶生菜配彩虹杂果沙拉

　　新鲜采收的紫橡叶生菜幼叶，只需要一点盐和橄榄油就会非常美味，胡萝卜、苹果片和小黄梨甜菜配成的彩虹杂果，更能增加清甜感。

还可以这样吃

紫橡叶生菜三明治

　　烤面包片的香脆，与紫橡叶生菜的爽嫩相得益彰，是早餐可以考虑的好搭配。

清炒生菜

　　虽然在欧洲国家橡叶生菜主要用作沙拉，但按中餐的烹饪方式清炒，口味也很不错，生菜的清爽还在，质地变得更为绵软。

色彩浓艳的
黑木耳生菜

——较之普通紫橡叶生菜更浓艳
　的颜色。
——株形紧凑，观赏效果更佳。

最"黑"的爽脆生菜

　　黑木耳生菜的黑，其实是非常浓郁的紫色。作为蔬菜中少见的深色品种，黑木口味与其他绿叶生菜并没有什么区别，但却为厨房花园的色彩搭配提供了更多可能。需要注意的是，足够的光照才能够维持其青菜的紫色效果。光线不足黑木耳生菜有可能褪色成绿木耳生菜。

Oak Leaf Lettuce

142

黑木耳生菜主要用作沙拉生食，脆爽多汁，有着叶生菜特具的淡淡苦味。值得一提的是，它较其他生菜品种耐热，即使在5、6月份种植也不会提早抽薹。

沙拉示范

煎南瓜配黑木耳生菜沙拉

口味甘甜的南瓜与鲜嫩清香的黑木耳生菜幼叶极为相配，后者还能够化解前者的油腻感。

生菜粥

咸鲜口味的广式粥，如鱼片粥、鸡肉粥，通常会在出锅时加一点青叶菜提味，黑木耳生菜碎清甜爽脆，与广式粥配起来别有一种滋味。

还可以这样吃

Perilla

郁郁苏香
在手间

——全株散发独特的淡淡药香。
——生、炒、冲饮，用途多样。

紫苏暖男

阮经天和陈乔恩拍过《爱上琉璃苣女孩》，琉璃苣女孩指的是默默芬芳一直守候值得你爱的那个姑娘，当然偶像剧务必要以大团圆结局，他终于发现身边的这个人最好。虽然台湾言情剧永远挑战智力，但这不能阻碍大家追剧，朋友们曾讨论过，什么样的男人可以和琉璃苣女孩对应，最后有丰富种植经验的我提出了得到一致认可的答案。

紫苏，具有典型暖男特质的植物，据说"紫苏"一名，亦是由"紫舒"演变而来，紫色的，让人舒服。它既是调料也是蔬菜，可以生食，可以快炒，可以油炸，可以冲茶，可以做渍物，无论怎样都改变不了它那贴心的味道。

高大丰硕的香味食蔬

沙拉菜冷知识·分门别类用紫苏

紫苏在东亚地区都是普遍应用的食材，但却有着各自的特定习惯。韩国用平叶紫苏来包烤肉或腌泡菜，而在日本，用于生食和天妇罗的主要是绿苏，皱叶紫苏则用于做饭团和调香；中国北方地区最常食用的是平叶紫苏，中国的台湾地区则各个品种都有一些。相对来说，皱叶品味的苏香更浓，而平叶品种的口感更为嫩爽。

叶片 卷曲而锯齿边缘明显的紫苏叶，在花园里有着闪闪发光的观赏效果。

茎部 紫苏是少见的高大型蔬菜，露地种植长到一米多高很常见，作为装饰植物也相当胜任。

植

一株可以采收半年

适宜种植期：春季

种植方式：播种、移栽

播种 紫苏子大约小米大小，均匀撒播在湿润的土壤上，轻轻压实，略撒薄土即可。

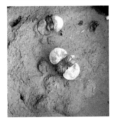

照料 生命力强健，发芽后很容易照料，大约长出4片真叶后可进行移植。

采收 紫苏长至30厘米左右可以开始采收尖梢嫩叶，这会促使它侧面萌生更多嫩芽，从5月开始一直到10月，都能源源不断地享用。

厨花君QA

Q: 采收的紫苏叶过多一时吃不完怎么办？

A: 紫苏晒干后用途也相当广泛，扎起来倒吊在通风处晾干，然后碾成粉末收在保鲜盒里，冲饮、做香味调料都可以。一个小用法是撒点在米饭上，会格外增香。

轻食首选蔬菜卷

　　轻食潮流久盛不衰，清爽低热的健康沙拉属于最常见的轻食美味，但一整盘沙拉总让人有"要正式用餐了"的感觉，于是，蔬菜卷便成为一种人气小食。它以适宜生食的大叶蔬菜，将沙拉常用食材和酱料卷入其中，既便于拿取又方便控制食量。以这款紫苏鱼片卷为例，作为传统的药食两用蔬菜，紫苏能够解腥驱凉，在生食传统兴盛的日本，经常用于衬垫生鱼，紫苏较绿苏叶片大而卷曲，可以采取卷食而非平铺其下的方式。

**有讲究，
沙拉
这样吃！**

紫背天葵
独树一帜

——极易栽种的紫色蔬菜。
——性凉味厚，药食两用。

Okinawan spinach

传统撞上科学

有机餐厅里的新贵紫背天葵，因为叶色独特而备受瞩目，来一杯紫背天葵蔬菜汁据说可以补血排毒，而那难以形容的口感也让讲究调调儿的食客趋之若鹜。

然而，一边是备受追捧，一边是争议连连，不少科普文章指出这种菊科三七属的植物，含有吡咯里西啶类生物碱，对肝脏有一定毒性，不宜食用。但也有营养医师力挺它，紫背天葵含有丰富的铁与钙，被誉为天然补血剂，民间加入姜等食材调和寒凉属性的做法值得推荐。在日本和中国台湾，这种蔬菜的食用由来已久，甚至它的英文名都与此有关：冲绳菠菜。

听谁的好？传统与科学的碰撞真是无时不在呢。看来，也只好先用万金油答案对付着：嗯，让我们吃吃看吧。

高贵冷艳紫背菜

沙拉菜冷知识·妇科沙拉菜

　　紫背天葵叶片正面浓绿，背面艳紫，与普通蔬菜的寡淡观感大不相同，而无论是用它炒食、榨汁还是制成其他小食，都有脱不去的浓艳紫色。如果蔬菜也分性别，紫背天葵的外观无疑是要归到女性这边的。而且，它含有的成分也都主打女性牌：丰富的铁与钙有助于补血；含有的黄酮苷，对于调节女性激素系统相当有帮助。

叶片　挺直的茎，锯齿状的叶片边缘，紫背天葵有着与叶用花材不相上下的形态美。

叶色　同一叶片正背面色彩各异，特别是背面的紫色是相当显眼的特征，浓郁鲜艳。

149

简单种植的阳台蔬菜

适宜种植期：春、夏、秋
种植方式：扦插

播种　由于紫背天葵的扦插简单易行又高效，所以成为主流的种植方式，剪取10厘米左右的末梢枝条，去除下部叶片，插在湿润的沙土里，一周便可生根。

照料　习性强健，在5~9月都生长迅速，只要保持水分充足即可。夏天注意遮阴，不然叶子会出现枯焦。

采收　可以剪取嫩梢也可以整株采收。

厨花君QA

Q: 去哪里购买紫背天葵的扦插苗？
A: 可以从网上或园艺市场购买，其实更简单的办法是去菜场，虽然是作为蔬菜出售，但只要够新鲜，一样能够扦插成活。

小众追捧的腥香口味

    不是所有人都能第一时间适应紫背天葵的口感，它略带一点土腥气，口感则有淡淡的酸味，但回味又相当苦甜，再加上它不同寻常的色彩，很容易让人联想到它的食疗价值。喜欢的人会单嗜这一味，不喜欢的，慢慢来喽。

沙拉示范

凉拌紫背天葵

    将嫩尖焯水后迅速沥干水分，加入盐、蒜、酱油等调料，口感酸凉滑爽，是很适宜夏天食用的菜肴。

还可以这样吃

紫背天葵凉茶

    香港大澳地区的特色饮品，清凉解暑助消化，将洗净的紫背天葵叶加入纯净水和糖，煮20分钟左右即可饮用。

煲广式汤

    广式汤以兼具美味与养生著称，紫背天葵亦是传统汤料之一，较常见的是与猪瘦肉、蜜枣同煲，甘酸清润。

Purple

紫直立生菜
闪闪发亮

——挺直向上的株形别具一格。
——高观赏度的暗紫叶色。

油、醋、盐、胡椒，足矣

这两年我先后种过的沙拉菜食材不下百种，为了享受它们，也认真学习了不少创意沙拉的做法，做沙拉当然少不了调料酱汁，试来试去，油醋汁虽然简单，却能恰到好处地提点那种从地头到餐桌不超过3小时的新鲜。相对来说，千岛酱蛋黄酱海鲜酱们虽然滋味丰富，却掩盖了食材的最大特色。

于是，最后在厨房里只为沙拉保留了四种调料：橄榄油、海盐、果醋、黑胡椒。无论口味是脆、甜、苦、辣，所有刚收获的沙拉叶，没有不能跟这"四大金刚"友好搭配的。

对生活的精致享受，未必非要复杂。去寻找那些简单却是你真正需要的东西。

沙拉菜园里的紫色小可爱

沙拉菜冷知识·为什么紫色的更受欢迎？

从视觉上来说，紫色并不是个刺激食欲的颜色，但近年来的健康饮食潮流是，紫色的越来越受欢迎。白色的菜花变紫；绿色的油菜变紫；黄绿的大白菜也出现了紫色品种；至于生菜，则更是自红到紫，有无数培育品种出现。个中奥妙，当然与花青素分不开，作为近年来最有人气的抗氧化成分，富含花青素的紫色食物如蓝莓、紫薯备受欢迎，确实，植物红、紫色的深浅与花青素的含量呈正相关性，而花青素含量高的植物，抗氧化还原能力较强。

茎部 挺直的株形，简洁的线条，加之个头小巧玲珑，密植在长条盆中能够为花园增添美色。

叶片 清晰的白色叶脉与浓重的叶色形成反差，呈现蔬菜中少见的观赏性，与其他沙拉菜混合也可以起到装饰作用。

植

密植，勤采收

适宜种植期：春秋两季
种植方式：播种

播种 由于个头较小，在撒播的时候可以适当密植，其他条件与生菜相同。

照料 真叶初生时仍是绿色，但会迅速变紫，很容易从一片菜苗中识别出来。

采收 30~40天便可以收获，由于体形不大，无需按片采收，直接摘取即可。

厨花君QA

Q: 一次性种植了过多的紫直立生菜，吃到后来都老了怎么办？

A: 已然过老的紫生菜，失去了食用价值就不要再强求了。不如留着它们，不久后便会抽薹开花，紫色的直立花薹可以用作家庭蔬菜插花，相当有品位感呢。

脆爽又清淡

紫直立生菜从大的类别上分，还是罗马生菜这个类型，口味也走的是清脆温和的路线。不过，由于它叶片较薄，稍有老化口味便急剧下降，在采收时务必要尽量选嫩叶。

沙拉示范

紫色拼盘沙拉

以色彩为创意主线的沙拉，红菊苣与紫直立生菜过渡和谐，配紫金陵萝卜切片，形成丰富而斑斓的紫色画面。

还可以这样吃

冰爽紫直立生菜沙拉

为了增加生菜的脆爽感，食用前冰镇片刻是经常用到的方式，特别是水分含量高的品种效果更明显，然后浇上最简单的油醋汁就是一道美味。

幼叶沙拉

紫直立生菜叶片较薄容易老化，可以在密植的基础上，拨取15~20天的幼苗，整株洗净后作为沙拉配菜使用。

浪漫之
极红罗莎

——生长迅速习性强健。
——最具观赏性的装饰蔬菜。

致最动人的她

假如你知道"罗莎生菜"这名称的由来，一定会无论如何也要在阳台上种几株，太具浪漫、美与爱的命名，Lollo Rossa，Rossa在意大利语中，是红的意思，而Lollo是一个人，Gina Lollobrigida，20世纪50年代意大利传奇电影明星，她性感、才华横溢且心怀大爱，既是漂亮的女演员又是著名摄影师，还终生致力于人道主义公益活动。

这种生菜在培育出来后，因为叶片边缘大量的皱褶，与Gina Lollobrigida的经典卷发类似，所以，培育者将它命名为Lollo Rossa，以一株蔬菜致敬最动人的她，深深的爱蕴含在寻常事物中，实在是不能更美。

阳台上的小花边

边缘 大量细碎的皱褶,让菜叶犹如漂亮的舞裙,想想看,许多件舞裙聚在一个花盆里是什么美景?

叶色 暗紫的叶色不仅让它从蔬菜中脱颖而出,也是营养全面丰富的明确证据。

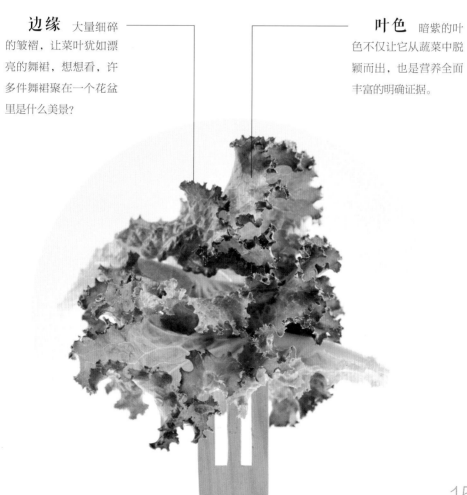

可以当花来欣赏的生菜

适宜种植期：春秋两季
种植方式：播种、移栽

播种 与普通生菜的播种方式类似，均匀地撒播后覆盖细土，保持湿润。

照料 由野生品种驯化而来的罗莎生菜习性强健，照顾起来相当简单，移栽成活率也很高，是蔬菜组合盆栽的好选择之一。

采收 移栽后30天左右可以开始收获，如果怕收获过多一次吃不光，可以先从外围叶片开始采收。

厨花君QA

Q: 我的罗莎生菜为什么没有漂亮的紫红色？

A: 如果光照不够充足，部分紫红色蔬菜会变成绿色，长势也会变差，所以，尽量把它放到阳光最好的地方。如果阳台种植实在没法保证，在5月份种植是个解决的办法，罗莎生菜耐热性较好，在初夏既能够吸取足够的阳光，又不会因为过热而提早抽薹。

口味均衡，营养全面

清脆而略带生菜特有的苦味，罗莎生菜在保证了观赏度的基础上也没有忽视口感，而一项研究表明，这个品种的生菜所含有的抗氧化物质远高于其他生菜，所以备受欢迎。

沙拉示范

罗莎生菜配鱼干

筋道耐嚼的鱼干，与清脆的罗莎生菜配合食用，口味调和，也可以用菜叶卷食，是很随意的小食风格。

还可以这样吃

混合沙拉

各种新鲜收获的生菜叶：罗莎生菜、绿橡叶生菜、罗马生菜，简单地混合起来浇油醋汁，就可以随意享用了。

自由沙拉

罗莎生菜的幼叶洗净后，直接蘸取沙拉酱，是一种介于沙拉与小食间的吃法。

暗红音符
黑罗莎

——较之罗莎生菜更浓重的红色。

——叶片褶皱较大且浅。

罗莎生菜vs黑罗莎生菜

如果分开来，很难察觉到两者不同，但放在一起比较，品种的差异还是很明显。罗莎生菜的叶片波浪小而密，而黑罗莎的边缘虽然呈现细碎的锯齿状，整体叶片的褶皱起伏却大而浅。就像女生发型的小卷儿与大波浪的区别。加上更为暗深的红色，黑罗莎生菜有种扑面而来的贵气感。

Dark llo Rossa L

黑罗莎生菜主要食用幼叶，清脆多汁。而成熟的叶片发硬，且苦味较为明显，如果不喜欢这种莴苣苦素特有的味道就会很难接受。

食

沙拉示范

混合沙拉

青瓜丁、小番茄、芝麻菜配黑罗莎生菜幼叶，甜、爽、辛辣兼而有之，属于口味丰富的混合沙拉。

还可以这样吃

主菜搭配

黑罗莎具有叶菜难得的浓重色彩，滋味清爽，经常被用作红肉类主菜的摆盘搭配，既有和谐的配色效果，又能够起到解腻之功。

颜值食材
旱金莲

——高观赏性的可食品种。
——叶、花、嫩果均可食。

美厨娘的一花三吃

坦率地说，美厨娘绝大多数时候，只是个理想化的称呼名词，除非你是《家有仙妻》里的妮可·基德曼，扭一扭鼻子就能够立刻变出满桌菜肴。试想在厨房里劳作半天，去鳞、剔骨、收拾青菜，煎炸炖煮逐样安排起来，油烟满身，嗯，闻起来倒是香喷喷的——只是，此香非彼香，法国香氛可抵不过一个韭菜盒子。

所以，有时候宴客得换个思路，趁着花园里的旱金莲正在花期，叶子摘下来做三明治，花可以拌沙拉，青绿的果实摘下来制成别具一格的青酱。这样，女主人就可以在开餐前拍着手掌说："各位，今天给大家安排的是一花三吃。"

形如荷叶的趣致绿叶

沙拉菜冷知识·印第安人的蔬菜

作为西方香草体系的中坚力量，旱金莲原产于从玻利维亚北部到哥伦比亚的安第斯山脉，它的别名"Indian cresses"便来源于此，因为印第安人用它来拌沙拉，此后这个习俗与植物一起，被大航海时期的冒险家们捎回了欧洲。关于旱金莲的种植，最早有记载的是1569年的一份西班牙文献。*Tropaeolum majus*这个学名是由Carl Linnaeus先生（双名法创立者）亲自起的——据说是来源于罗马人战胜后竖纪念柱的习俗，叶子像盾，花朵是头盔。

叶 少见的圆形绿叶非常有趣，与荷叶的形似也是它的中文名"旱金莲"的得名缘由。

茎 旱金莲是蔓生植物，在支架的帮助下它可以攀到高处，充分利用狭小的种植空间。

花 最常见的花朵色彩为橙、红、黄，明亮的颜色会让人心情愉悦，也是调节绿色沙拉的好食材。

形式多样的种植方式

适宜种植期：春秋两季

种植方式：播种、扦插

播种 黄豆大小的种子非常方便种植，用播种器戳出小坑，将种子放进去，浇水，保持土壤湿润，1周左右发芽。

照料 旱金莲喜欢凉爽的气候，在夏季长势不佳，而且叶片容易枯萎，度夏后会自动恢复生长，不必过分担忧。

采收 当叶片生长至一元硬币大小时，最宜食用。在盛花期可采食半开的花朵，花后结实要及时采收，发硬后则无法食用。

厨花君QA

Q: 为什么我的旱金莲只长叶子不开花?

A: 颜色鲜艳的花朵通常对于阳光的需求很旺盛，如果将它养在室内，无法吸收充分的光照，可能出现叶子生长茂盛但不开花的情形。

鲜花沙拉，悦身悦心

　　Edible flower，可食花朵，一直是很多高级餐厅大厨致力钻研的门类，就像中国人钻研红楼宴一样，皆因以花朵作为食材，内外出彩。它的优点数不完：开胃、低热量 营养好、卖相漂亮、有新鲜感……比起普通的绿叶沙拉来，鲜花沙拉更为吸引眼球。虽然鲜花沙拉中大部分仍是寻常的沙拉食材，但作为配料的花朵就是抢尽风头。以这道旱金莲沙拉为例，清爽的口感带有不寻常的微辣风味，相当有辨识度。

　　另外还有一点不得不说的是，受季节所限，Edible flower不太可能像普通蔬菜一样供应及时，大部分在春、夏时节才有供应。不过，正因为如此，才更让人珍惜这季节的味道。

有讲究，
沙拉
这样吃！

171

矢车菊的
味道叫"爱"

——锯齿边缘的花瓣雅致迷人。
——具有野花习性的品种。

最浪漫的花朵食材

　　关于矢车菊有太多浪漫传
说，比如，日尔曼少女喜欢把这
蓝色的小花摘下来放在胸前，
一两个小时后，如果花瓣仍然
平坦，那就表示将与另一半在
不久邂逅。而在王室的童话婚礼
中，查尔斯王子送给戴妃的定情
之物，便是选择产自克什米尔地
区，公认最美的矢车菊蓝宝石。
所有这些，都让它在餐桌上出现
时格外引人注目，更何况，那少
见的优雅蓝紫色，也是食材中相
当罕见的。

172

矢车菊的可食部位为它的花朵，需要注意的是，花蕊有轻微的刺激效果，在作为可食用花朵时，要把这部分去掉，只使用周围的一圈花瓣。除了蓝紫色外，粉色也是常见的矢车菊颜色。

沙拉示范

矢车菊鲜花沙拉

　　奶油生菜切成小片，加入撕碎的矢车菊花瓣，与油醋沙拉酱拌匀，为了增加视觉效果，可以再点缀一整朵矢车菊花。

矢车菊冰块

　　洗净花朵后，将花瓣一片片揪下来放入冰格，加入纯净水后即可放入冰箱，约8小时后可以得到相当美貌的矢车菊鲜花冰块，用于调制夏日冰饮。

还可以这样吃

如何种出梦想彩虹？

日本的种菜达人藤田智有个观点我非常赞同："虽说是亲手种菜，但其实种菜的不是我们自己，而是大自然神奇的力量，我们人类只是打个下手而已。"因为光照、水分、土壤酸碱度等各种原因，理想的彩虹沙拉菜园，和现实中的彩虹沙拉菜园，总是会有差距，但，在不断的琢磨和改进中，你会更多地思考和理解"我们为什么要种菜"这件事。

问题一：色彩呈现不理想

在阳台花器中计划种植彩虹沙拉，色彩表现常常不尽如人意，种子包装袋上的示意图是鲜艳的紫色，自己种出来却是深绿色；或者是叶片形态大小不均，难看的株形也破坏了色彩效果，原因有多种，最主要的在于光照。

光照不足而导致部分彩叶品种褪色。比如，紫衣芥菜如果没有充足的阳光，就会褪成紫绿相间的颜色。而羽衣甘蓝若见光不足，原本应该是深绿的叶色会呈现黄绿色。尽量给予它们充足的光照，如果做不到，用开花品种替代原本选择的彩叶品种。

问题二：株形杂乱

　　植物具有趋光性，即枝叶会向着阳光好的一面尽量生长，而背光的一面则长势不良，所以在阳台上，经常会得到"长歪了"的沙拉菜。而如果种植的是一群沙拉菜，这种歪七扭八的形态会让你的彩虹梦想难以实现。解决的办法是定期调换方向，让它们均匀发育，每2~3天搬动一次沙拉盆，南北调转。当然，如果是在庭院中地植，则不会存在这样的问题。

问题三：长势不齐

　　种一棵沙拉菜相对简单，而彩虹沙拉需要同时照料多种、多棵沙拉菜，让它们在同一时段长势均等，以实现匀称的彩虹效果，这首先需要对每一个品种的生长都有所了解，且要选择生长节奏大致相等的品种，其次还需要掌握一些技巧，来实现大家的同步前进。

　　比如，沙拉菜播种后，有的发芽快，有的发芽慢，在很长一段时间内，都有可能是参差不齐。解决的办法是不要播种，而是以移栽的方式来进行。在其他的盆里撒播沙拉菜种子，长到4~6片真叶大小后，统一定植。

第五章

沙拉一席谈

纽约的有机餐厅里供应着某个家庭农场种植的羽衣甘蓝；伦敦街头的沙拉吧有今早刚采摘的奶油生菜；阿姆斯特丹的人们享受着派对上脆生生的菊苣；上海写字楼里的小姑娘，正在考虑午餐要订哪一款主食沙拉……

在这个世界大同食材又空前丰富的年代里，每时每刻，都有关于沙拉的故事在发生。

来自不同行业的人，应邀在此分享着她/他与沙拉的故事。

她是诗人；他是摄影师；她是创业者；她是旅居国外的全职太太……不同的生活，相同的沙拉。

焦洁 早秀咖啡晚晒沙拉

插画师，笔名APPLEseed。毕业于清华美院服装设计系，与多本一线时尚杂志长期合作，出版有《时尚插画设计》等书籍。

我和APPLEseed认识的时候，是编辑与插画师的关系，不知为何，混着混着，就成了两枚家庭种菜同好的关系了……对于一个会自己做各种奇趣图案拉花咖啡的人，我也是很好奇她家的沙拉得做成什么样啊？

厨花君：晒一下你今年春天的种植清单吧，我看到你那小本上都写满了……

焦洁：除了南瓜，明年开春还要种苦苣、生菜！种樱桃萝卜、圣女果！种洋葱、土豆！最重要的，还要种些洋气的调味香草——薄荷、迷迭香、九层塔统统来一套！梦寐以求的沙拉盛宴近在咫尺——万事俱备，只差撒撒种子，我们马上就能过上自给自足、美味健康的幸福日子啦！

其实，几年前因为招架不住市中心的雾霾搬到郊区的时候，我们想的是花园小院、闲云野鹤、赏花烹茶。第一年撒了满院花种：六倍利、波斯菊、凌霄花；第二年种石榴树；第三年，我和先生面面相觑——要不明年还是种菜吧，你说呢？

厨花君：所以在2015年你们种了一院子南瓜，并且换着花样地吃？

焦洁：3月开春的时候，我们种了红秋葵一垄，紫色圣女果一垄，黄瓜还搭了篱笆架，万圣节南瓜挖开，瓜子洗净挑拣了，一窝一窝地埋了一院子。4月，在火红的石榴花下，瞅着一簇簇南瓜苗苗，俩人为了要不要疏苗拌了三次嘴；6月，秋葵开始长出小巴掌叶子的时候，南瓜开花了，就"南瓜花的雄雌以及是否需要人工授粉"这个学术问题，我俩争辩了好多天……

7月，南瓜开出第一朵雌花，结束了这场争辩。

8月，南瓜已经像外星入侵物种一样爬满了院子。

到了秋天，我们全家两口人都极其兴奋地期待着丰收的喜悦，七只"南瓜娃"！随后，大娃和二娃不幸在一场人雨之后被泡烂了半边，卒。三娃和四娃，在少年时期被我上门视察的父亲残暴地"哎呦，不小心碰掉了哎！呵呵"，我的愤慨没人能懂！所以，母亲大人更加残暴地把它们擦成丝，做了一顿美味的糊塌子——是的，不用西葫芦而用嫩嫩的小南瓜头一样很好吃！南瓜头糊塌子不仅像大众版糊塌子一样滑嫩，而且独有一丝南瓜的青春，哦不，清香。

五六七娃长大成熟后存放了超长的时间，南瓜粥、南瓜饼、炸南瓜条、肉炒南瓜片……一直吃到了冬天还没吃完。

厨花君：我很关心南瓜的邻居们后来都怎么样了？

焦洁：嗯，黄瓜结了三根，秋葵结了四枚……为了庆祝南瓜丰收，我们举办了一次烧烤活动，把它们都吃了。秋葵就被简单粗暴地剖开，放在烤架上又撒了些盐。"放心，绝对纯天然无公害！"五分钟之后，大人小孩儿人手半只宝贵的秋葵吃得津津有味。再烤？不好意思喽。

厨花君：今年的爆发是因为爱上了吃自己种的菜吧？

焦洁：对，时不时能吃到自己产出作物的幸福感依然是爆棚的，平时嗜荤如我，发现自己其实五行缺素。从此，餐桌必有沙拉菜！虔诚地品味蔬菜，原来，并不是买来的大棚蔬菜被催长得没了味道，或者我们没有大厨天生的敏感味觉，只是相对于肉禽蛋奶，蔬菜的经济廉价，让它们没能得到认真的赏识！

厨花君：所以今年有望看到你在朋友圈秀创意沙拉什么的喽？

焦洁：我要十分负责任地说，在少有的数次待客家宴中，"自家沙拉"必然会出现在餐桌上，大肆炫耀必不可少。比如去年的南瓜花，挑雄花裹面丢进空气炸锅，出来撒些椒盐；黄瓜洗净，花上一个小时细细切好，腌成蓑衣黄瓜；或者买来种类丰富的沙拉菜，简单调味，保持它们原本的味道和色彩，最后摘一朵嫩黄的小黄瓜花点缀上去，既健康又赏心悦目。

另外，还有一个小诀窍：沙拉菜尽量搭配得色彩丰富，既可以保证营养丰富，又可以达到赏心悦目的效果，除此之外，更可以用木质器皿装盘，视觉效果妥妥的高大上。

尤其夏天，用自家小院种出的食材，不止高大上，还充满人文气息！客人们的羡慕和称赞也自成一味调料。

李冰 食物的回忆最温暖

绘本画家，2008年以《糗事一箩筐》和《我的快乐一家》出道，轻松温馨的风格大受欢迎，之后出版了《幸福的料理箱》《不想告别的夏天》《谢谢你用一生陪伴我》《"绘"泰国普吉岛篇》等多本人气作品。

和李冰一聊到小时候那些温暖的食物，就刹不住了：煮一锅白粥啦，拌几个茄子啦，生吃个西红柿，一瓶自制沙果罐头……都是最平民不过的食材，最简单不过的做法，却有着最难以忘怀的滋味。

厨花君：来来来，我们来说说自己种的菜怎么吃吧！

李冰：我对种菜感兴趣，是源于小时候的回忆，每个暑假都回姥姥家过，他们有两个大大的菜园子，种满了蔬菜和果树。西红柿、豆角、茄子、青椒、土豆、葡萄、沙果、小苹果，还有韭菜，我最喜欢用水泵浇水的时候，整个园子都充满了潮湿和新鲜的气息。每次摘下新鲜的西红柿，用凉水浸一下，然后就吃下去，太好吃啦！

厨花君：西红柿切片放多多的白砂糖也是记忆里的标杆式美食呢……

李冰：对，生吃、拌糖吃，做成西红柿酱。每年夏天家里都要做十几瓶西红柿酱，整整齐齐地摆在房间的角落里，冬天就可以打开来享用啦，做汤、炒菜或者拌上白糖直接吃，足够吃上整整一个冬天，真的好过瘾啊。

厨花君：还有茄子也可以做出很多花样，特别是凉拌蘸酱，秒杀级别的。

李冰：茄子我们有两种做法，一种是用来和土豆炖，然后搭配小米饭吃，可香了；另一种是整条蒸着吃（必须是长茄子），然后撕成一缕缕地蘸酱吃，酱是炸的鸡蛋酱或肉酱两种，肉酱更香，但是鸡蛋酱也别有风味，一块大大的鸡蛋吃进嘴里，也很幸福。

厨花君：嗯，虽然以前没有沙拉这个说法，但真是有好多简单新鲜又美味的吃法啊。

　　李冰：沙果，我姥姥家是去了核，然后用白糖蒸着吃，就跟沙果罐头似的。还有把新鲜摘下来的沙果洗净切片，平摊在院子里的塑料布上，晒干后用线串起来。晒成的沙果干可以保存很长时间，酸甜可口，特别有嚼劲儿，这样冬天也能吃到沙果的味道了。土豆，挖出来和玉米一起放在灶台里烤着吃，食物真是温暖的记忆，我更小的时候，姐姐说，姥姥家冬天生炉子，就在炉子上放一白搪瓷缸子，里面是大米粥，整个屋子都香啦。

　　厨花君：所以其实我们聊的是"古早味的蔬菜真好吃"。

　　李冰：或者叫"真想回到小时候啊"，哈哈。

思佳 做菜的人要有爱

思佳，资深吃货，曾任《瑞丽》首席编辑，六年时尚杂志编辑经验，三年电商运营经验，两年自主创业，目前在美食社交平台做品牌推广。关注环保、健康、美食、护肤等领域。只想和喜欢的一切在一起。

每次见到思佳，都想问她，哇，气色这么好，笑得这么美，天天都吃了什么呀！

厨花君：据我的观察，你是个对"吃得健康"很重视的吃货，能不能聊聊对吃这件事，你最看重的几个标准？

思佳：第一，食材新鲜。新鲜不新鲜我的身体会立刻有反应，不新鲜的立刻肚子疼。第二，处理要干净，眼睛太好，舌头太灵，不干净的吃不下去。第三是味道好，不是重口味的，只是好味道，还原食材本身的味道最好，我喜欢不浪费食材的各种处理方法。当然做菜的人最重要，有没有爱，会不会做，都是能通过食物传递出来的。

厨花君：这么按标准一条条比对，沙拉必须得脱颖而出啊！是你的最爱吗？

思佳：不是最爱，却是每天必吃必点，为了全面补充维生素，也符合我喜欢食材新鲜、保持原味的标准，最主要为了健康。

厨花君：除了本地餐厅，国外什么地方的沙拉让你比较难忘？

思佳：清迈的沙拉我比较爱，泰北菜比泰南菜重口一些，青柠味很浓，酸甜辣适中，还有花生碎的香，吃起来很带劲。

厨花君：除了吃，你在做沙拉上有什么独门妙招分享下？

思佳：嗯，虽然称不上拿手，不过，在沙拉里加上山楂条和苹果条会令味道更丰富可口倒是屡试不爽。

王珂 做沙拉就像"二次种菜"

时尚健康轻食主义倡导者，合肥米诺卡餐饮管理有限公司总经理，多年来一直在跨国通信企业担任高管的她，2015年转换角色，创立健康主食沙拉品牌Salala。

和王珂是神交，未谋面却共有一个沙拉情结，我是因为爱好园艺，慢慢发展到将种植、品尝、欣赏蔬菜当成生活的重要内容，她则是因为对有机、健康的向往，而从一名跨国公司的高管，成为自己做沙拉的创业者，而对于沙拉的认识，她当然是有自己的一套！

厨花君：从诺基亚、黑莓这样的公司到自己创业做沙拉，这样的神转折是怎么发生的？

王珂：因为我本人是个沙拉爱好者。挂在嘴边的一句话是"爱吃草，身体好"。不管在日常，还是旅行途中，只要菜单上有沙拉，都必尝试。喜欢沙拉清爽的口感，特别是没有经过任何加工的蔬菜，觉得吃了没负担，轻松。至于创业选择这个项目，更重要的当然还是对健康餐饮的发展非常看好，沙拉，特别是我们提倡的主食沙拉，确实是一个非常好的选择，符合"重食材，轻加工"的健康膳食理念。

厨花君：听到你对现在的工作有一个形容很有趣，你说自己是"二次种菜的"，诠释一下？

王珂："二次种菜"这个比喻，我觉得能特别形象地形容我们沙拉制作的过程。现代的美食，光有好的味道肯定不够，还要很漂亮，看着赏心悦目。我们团队设计了自己的专利包装——九宫格。既方便了产品出品的标准化，也让沙拉的摆盘视觉上更加美观。把各类蔬菜原料放进一个个格子的过程，是不是跟种菜的感觉很像呢？

厨花君：哪款沙拉是你的最爱？让我们来感受一下吧……

王珂：近水楼台先得月，每款产品我都亲自和大厨反复搭配后，选的是我自己觉得最优的口感。嗯，罗马假日，其实是改良后，或者说增强版的凯撒沙拉，水波蛋和三文鱼都是我爱吃的，特意加上去的。还有北极馨香里面的加拿大北极贝，暖食沙拉里的鲷鱼，都是我自己很喜欢的。

杨小艾 沙拉无国界

媒体人，前时尚杂志资深编辑，曾任外资咨询公司资深咨询师，现居英国。非专业花园种植者，自由撰稿人，不自由全职妈咪。

莫怪大家拿英国美食当梗，真的，我去过伦敦后，觉得吃到的最新鲜美味的食物，居然是来自于街头的沙拉吧，所以特别好奇小艾在英国的园艺+美食生活，都是怎么展开的呢？

厨花君：大家都很喜欢拿英国美食当梗，你在这感觉如何？比如对于蔬菜的食用方式，有什么不一样吗？

小艾：黑暗料理这件事儿其实有点冤枉英国人，正式餐厅里做出来的正经晚餐吃起来也还可以，当然我也吃到过什么酱汁儿都没有就敢献上来的煎鱼块儿，连点儿盐和胡椒粉都没给。不过摸摸良心说，大体上入口还算不错。而且除了餐厅食物和国宝"鱼和炸薯条"，也有些牧羊人派、cottage pie之类的可以自己做一做吃一吃，像类似约克郡布丁（无盖大肉饼）、康沃尔郡馅饼之类"地方特色食品"也都是有的。

英国人民买生菜菠菜甜菜花椰菜主要是煮着吃炖着吃烤着吃生着吃（有了小盆友之后我发现他们从小婴儿时期就也这么吃），全民婴儿食物的情况下、中国胃吃烦了、必须研究下煎炒烹炸，酸辣甜咸才有中国味儿啊！不过，目前由于天天料理小盆友食物，我已经开始慢慢被同化到觉得这里的吃法很健康很有新鲜原味。耳濡目染是件可怕的事。

厨花君：伦敦街头遍布沙拉吧，你光顾过吗？感觉如何？

小艾：简直很难不被吸引进去买一买啊。去过专门的沙拉吧，也吃过超市或咖啡馆的沙拉吧台。蔬菜种类很多，适合选择困难症患者去挑战一把自己。整体水平还算不错，也终于让我成功爱上了橄榄，还顺带研究了下英国人各种稀奇古怪的醋。前段时间主要混在Bloomsbury附近，所以去著名的Covert Garden里吃过两家，貌似在色彩斑斓的环境吃起来会更美味一些。

厨花君：你吃过的沙拉中，最好吃的和最不好吃的分别是什么样的，有印象吗？

小艾：最好吃的沙拉其实是在西班牙巴塞罗那吃到的（英国人民原谅我），配菜很简单，罗蔓、苋菜和一些常见的沙拉菜，但是配的汁很美味，清爽得让你觉得那一天都很美好。老板说那是他家自制的沙拉配酱，不外传不瓶售，极度残念！吃到对厨师生涯极度不负责的沙拉来是一家印度餐厅的沙拉配菜，芝麻菜都蔫儿了，给的酱汁儿几乎是老抽的味道。我有一种吃酱油拌饭的既视感。

厨花君：在英国吃过的最让你长见识的沙拉是？

小艾：National Trust管理下的诺丁汉郡的Clumber Park，吃到过他家美貌的厨房花园现摘下的新鲜主食沙拉。超大量超新鲜是亮点之一，花园里一年四季都有无数新鲜当季沙拉菜供应是他们的骄傲点之二，之三就是因为他家曾经的主厨是National Trust现任美食发展总厨，在这里的七年间流传下了他无数的酱汁配沙拉经验，所以据说会绝对精准地为每种蔬菜挑选最适合它的盘中邻居，然后选择它们的绝佳汁液和配料。（这么难忘却不是我最好吃的记忆，是因为沙拉上来前我在他家先吃了两个司康，已经失去了享用完它们的胃部空间。）

厨花君：Samuel小朋友第一次尝试沙拉预计是什么时候？

小艾：由于妈咪一犯懒就会拎Samuel小盆友出去解决午餐，所以小盆友已经尝试过沙拉菜了。目前喜欢的除了日常吃的小番茄，主要是芝麻菜、嫩的新西兰菠菜和君荙菜，貌似是个喜欢呛口味的小孩，不过不喜欢油醋汁，一般是蘸着鹰嘴豆泥（hummus）吃。

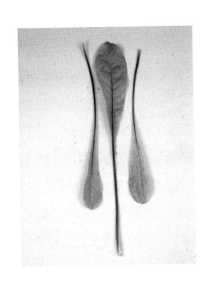

张弘凯 每晚一沙拉

70后，属兔，由建筑师跨界成为人像摄影师。喜生冷绿素，反感油腻奸猾的中年胖子，更恐惧自己终将变成自己最讨厌的人的宿命，故而还在顽强抗争，如果不能胜利，希望至少坚守得能够尽量长一点。

在我的朋友圈里，唯一一位每天晚上都坚持吃沙拉的，并不是那些特别需要保持身材的演员、名模，而是位摄影师。难道说，那些给各大刊拍的才华横溢的摄影作品，都是靠沙拉打底的？

厨花君：我已经看到你在朋友圈秀了小半年的沙拉晚餐了……

张弘凯：开始这件事，是因为照镜子的时候我发现自己有小肚子了，这是难以容忍的事情。除了锻炼外，清淡的晚餐也是必需的，沙拉显然是个选择。

厨花君：请介绍一下张氏沙拉的做法吧。

张弘凯：楼下菜场能买到的最常见品种的沙拉一大棵，洗净切碎；洋葱和西红柿全年供应，有时候也会放甜椒。我一次会买几块鸡胸白水煮好放在冰箱里，用的时候拿出来切小块。橄榄油、盐和黑胡椒，齐活儿！

厨花君：这个世界上有那么多种沙拉菜，你为什么不去挑选一些味道更丰富的品种？

张弘凯：不方便。当我为了一款口味稍微有点变化的沙拉去耗费更多时间的时候，就已经有违我选择沙拉作为晚餐的初衷了。而且我并不是个追求每天都要吃到不一样食物的人。

厨花君：所以你从来不会破功？

张弘凯：不，前天晚上我就实在没忍住，拉着媳妇半夜跑去吃香辣小龙虾了。

厨花君：那我们就放心了……

张弘凯：但我在接下来的365天，还是可能有300天以上以沙拉作为晚餐的。

赵丽华 诗早已不写了，菜仍在种

著名诗人，2014年创立"梨花公社"，画画、养鸡、种菜、收徒，过着令许多人向往的生活。

从文艺界一脚跨入农业界，赵丽华这可真是个神转折。通过慢食协会的介绍，我和赵老师聊起了……种菜！

厨花君：写诗和种菜听起来是两种生活啊，从中感受到的快乐和满足有什么不同？

赵丽华：诗早已不写了，菜仍在种。一大片栅栏围成的菜园里，一棵棵的大白菜顶着满头雪，这画面本身就是诗的。香菜、苜蓿、鸢尾花盖着金黄的银杏叶过冬。众多花草植物移到阳光房里，成为冬天最美的风景。也就是说，人家用纸写诗，我用朴素真实的生活写诗。

厨花君："梨花公社"的生活节奏是怎样的？

赵丽华：缓慢而充实。每天要教来自全国各地的学生们画画，要安排义工们做饭、喂鸡、喂狗，自己还要挤时间画画，偶尔出去做一些高校讲座。

厨花君：收获的菜都怎么吃？沙拉或是中式的凉拌菜？

赵丽华：都挺喜欢。中式凉拌菜最喜欢吃的是香菜、香葱、黄瓜、辣椒、生菜、油麦菜等等，放芝麻酱的尤其喜欢。

厨花君：自己种的菜做的沙拉，和外面餐厅里的沙拉，您能吃出不同吗？

赵丽华：完全不一样！自己种的菜太好吃了！随便去院子里每样选几棵，简单洗洗拌起来上桌，新鲜、好吃，一边吃一边给客人们学生们介绍：这个油麦菜是咱们院子里的，这个香菜也是。这黄瓜虽然不好看，但好吃，也是我亲自种的。